蔬食地圖系列 ⑬

禪居食堂

妙具法師　著

食在禪居

文／依空法師 佛光山文化院院長

佛教寺院建築有幾類設備特別重要，不可或缺。一為殿堂，是信眾禮拜諸佛菩薩的清淨聖地；一為客堂，是接待香客，接引入佛的門戶；一為法堂或講堂，是演說佛教教義的杏壇；一為禪堂，是明心見性的選佛場。另外就是大寮齋堂，是大眾每日三餐過堂吃飯、滋養色身的地方，就像一般家庭的廚房、餐廳。

古諺云：「民以食為天。」食指大動表示就能大快朵頤。《維摩詰經》中，諸大菩薩們酣暢淋漓地演繹完不可思議的大乘經義、不二法門之後，還是要回到人間的現實問題──吃飯。所以維摩詰居士親自化身飛至香積佛國，向彼佛國土化緣香積飯食，好比世間舉辦盛大的活動之後，要好好的享受聚餐美食一樣，吃飯對佛教來講，是非常重要的修行項目。

原始佛教戒律中訂了許多有關吃飯的規矩，甚至因為對飲食的時間、次數、行儀等問題產生不同意見，而分裂成部派佛教，可見「吃飯大如天」。到了中國佛教的禪宗，過堂用齋更是出家人每日必須奉行的五

堂功課，吃飯時要「龍吞珠、鳳點頭」，威儀莊嚴；進食時要「食存五觀」，戒除貪婪，顯示吃飯對於出家人養成教育的必要性。

佛光山開山星雲大師尚未退位時，有一次與佛光山締結兄弟寺的韓國佛寶寺——通度寺，邀請大師去訪問，我與慈容法師二人有幸隨侍前往。通度寺的知客法師熱情為我們導覽，走到祖師堂時，為我們如數家珍介紹每一位祖師的典座經歷。原來大寮齋堂是通向祖師堂的不二門徑，中國禪宗的歷代祖師如六祖慧能、慧忠國師、南泉普願、趙州從諗等祖師，都是經過典座行堂的「水裡來，火裡去」的千錘百鍊，得以成就一身功夫。星雲大師本人年少時候，也曾經擔當過十年的典座行單工作。

佛門流行一句諺語：「金衣缽，銀客堂，珍珠瑪瑙下廚房。」典座是叢林四十八單工作中的重要德目，佛光山對於弟子也非常注重典座的基本訓練，並且培養出不少的個中能手，煮出一手色香味俱佳的酥陀妙供。其中更有一些人，例如慧專、依照、覺朗、覺具等法師，以

及蕭碧霞師姑等人，無私地將個人的多年典座經驗，把一道道美味的素食烹飪過程化為文字般若，編纂成書，方便茹素者可以按部就班自行烹飪，隨時享受。近有妙具法師曾經在《人間福報》讀報教育部門擔任多年的行政工作，母親是宜蘭有名的「總鋪師」，耳濡目染加上家學淵源，對於烹飪也能駕輕就熟。2020年當新冠病毒肆虐全球時，許多人只能屈居在家中，不能外出覓食，餐飲業因此面臨嚴峻的關門潮。《人間福報》於是推出「禪居食堂」的構思，採禪宗簡易、素樸、輕便、養生的風格，由妙具法師掌廚，在報社的會議桌上，不動明火，不油膩炸炒，以電鍋、電磁爐等電子類器具，取當季食材，煮出令人垂涎欲滴的佳餚，並將烹調過程錄製成影片，播放於網路，與素食愛好者共享。

兩年多下來，竟然斐然有成，燒出近百種的可口素食，計有開胃小菜、主食麵飯、養生湯品、各式點心、創意料理、手作家常，種類多樣新穎，絕對可以滿足美食饕餮者的口胃，媲美世間的「大雲時堂」、「深夜食堂」，又取意佛法講究本色原味，不雜染不貪著，不愧「禪居食堂」之名。聽說他即將把這數十道食譜付梓成書，讓更多的人可以隨時隨處輕鬆自炊，欣然為之作序！

三刀六槌供養心

文／慧傳法師 佛光山常務副住持

首先恭喜妙具法師的新書《禪居食堂》出版了，這本書有一個很大的特色，那就是加上視頻，更增加了此書的可看性、可讀性，尤其裡面的內容都是色香味俱全的菜餚，更是讓人們食指大動，相信對蔬食的推廣會很有幫助。

對於妙具法師今天可以出版《禪居食堂》，除了肯定以外，我從他的書中內容，得到下列兩個感想：

具備「三刀六槌」

叢林裡面有一句話說：「要做和尚，先學三年婆娘。」這是什麼意思呢？也就是說一個出家人，在僧團裡面生活，必須具備一些技能，如此才能領眾，才能和大眾相處，也才能照顧自己，服務眾生，受到歡迎。

一個出家人應該具備那些技能呢？一般來說是要學會「三刀六槌」。「三刀」指菜刀、剃頭刀、裁縫刀；「六槌」指木魚槌、鐘槌、鼓槌、磬槌、板槌、鐵

槌。為何要具備這些技能呢？

記得家師在「出家人應具備的條件」一文裡面提到：「當初你們人還在佛光山，要想出國弘揚佛法的時候，我就曾經昭告大家要學會典座，要會煮飯、煮菜；因為有時候信徒到寺院來，固然我們可以用佛法和他們結緣，但是素食也是一種結緣的好方法，讓他們也可以藉由一點素食來調劑身心。

其實信徒也不一定要吃很多，即使只是供應他一碗飯、一碗麵，我想他們都會感覺到佛法的慈悲、善意，如此一來，信徒對道場就會有賓至如歸的感情，感覺到道場就如同自己的法身慧命家庭。」

這是家師對北美地區徒眾的一段開示，從家師殷切開導中，我們可以了解具備「典座」的技能是多麼重要，而今天妙具法師已經具備了。

具備「供養心」

從剛才家師這一段開示，我們可以體會到，出家人

具備「典座」的技能，重點不在以此營生牟利，而是以好廚藝做一個平台和眾生結緣，擴大人事的參與，讓更多人因為蔬食，願意親近佛教，認識佛法，因而具備「供養心」就很重要了。

而妙具法師因為其母本身就是「總鋪師」，有時外面婚喪喜慶，要辦桌請客，他也會和家人前往協助，耳濡目染之下也成就了好手藝。他不但具備好廚藝，還有一顆「供養心」，為何這麼說？

我們知道2020年春節左右，「新冠肺炎」已在世界各地蔓延，我們台灣也受到波及，因而政府制定了許多防疫措施，餐飲業受到很大的影響，以前隨意上館子用餐是家常便飯，如今都變成困難重重，因而如何在「自主防疫」、「居家隔離」的期間，能夠吃到香噴噴的素食佳餚，相信對無法外出的人是一大福音。

也因此妙具法師和《人間福報》團隊共同研擬，開發出以最常用的廚房用具，如電子鍋、電鍋或電磁爐，採用超市或傳統市場就可以買到的當季食材，然後烹調出美味佳餚，我想此種「給人方便」的考量，不就是「供養心」嗎？最後做到大師所說的「把心煮給

人家吃」，如此不但昇華自己，也利益了眾生。最後再
次恭喜妙具法師的新書《禪居食堂》出版了。

三德六味　廚中行菩薩道

文／妙熙法師　人間福報社長

　　一場新冠疫情影響人們生活起居，留在家時間變長了，廚房煙火氣也濃了。

　　《人間福報》因此推出「禪居食堂」，由佛光山永和學舍監寺妙具法師親自示範廚藝，陸續端出一道道蔬食佳餚，不僅令人食指大動，更兼具色香味具全。最特殊的是竟然只靠一個電鍋，就能烹調出美味，將逾兩年時光，完成一百道美食，不僅在報上刊登，也集結出書，將最精華篇章，宴饗讀者。

　　現代人生活空間有限，尤其，在大都會地區，往往一間套房，就是上班族窩居天地，因此少有正規廚房，要料理餐點，一個小電鍋或電磁爐就要搞定，所以禪居食堂就以這個條件，不使用明火，作為示範重點。

　　妙具法師巧手慧心，只要有一點青菜、豆腐、菇類等食材，在他手裡，很快就能變出一道道香噴噴蔬食餐點。更能掌握時令節氣，善用當令蔬果，以最新鮮、營養、低廉成本，及簡便烹調方式，讓上班的小資族也能學著DIY，輕鬆搖身一變，成為人人稱羨的烹飪家。

例如「鮮耳蕈菇湯」，就是因應二十四節氣「白露」，以「肺」為養生重點，利用兩種少見的菇類，搭配白木耳烹調而成。夏天是吃蓮藕的好季節，「禪居食堂」用電鍋燉出「蓮藕花生湯」，吃起來綿密，湯頭清爽，有助消炎化淤、清熱解燥。

　　許多人小時候常吃奶奶煮的古早味鹹粥，「禪居食堂」用電鍋就輕鬆復刻經典美味。因應冬至吃湯圓，「禪居食堂」以手工搓揉捏製「五色湯圓」，運用食物的天然顏色，讓湯圓五彩繽紛，更引用史料，追溯湯圓由來與典故，讓讀者回憶兒時寒冬全家搓湯圓的溫馨景象。

　　佛光山開山星雲大師創辦《人間福報》，以弘法服務為宗旨，倡導環保與心保，以落實蔬食、環保、愛地球。妙具法師曾在《人間福報》服務，後來調至永和學舍擔任監寺，百忙之中，仍然嚴謹示範，完成這一百道蔬食美味。

　　禪林中，負責大眾粥食職務者稱為「典座」。星雲大師說：「如三德辨，六味精，更以無我、無人、無眾

生、無壽者之心，率領六根四肢，如法辦造飲食，奉佛供僧者，謂之大慈悲菩薩，故曰：『三千諸佛皆出在廚中。』」

　　妙具法師以服務眾生熱忱，打響「禪居食堂」招牌，以文章搭配美食圖，更有簡明易懂的作法與所需材料，輔以生動的影片，讓讀者一目了然，輕輕鬆鬆看著學習，就能端出精緻佳餚。法師用心推廣蔬食，如在廚中行菩薩道，利益人天。

舌尖上最美的味道就在家

文／田定豐 蔬食作家

　　這幾年因為疫情的關係，一向不擅長料理的我，因為在家時間變長了以後，開始學習從採買食材到餐桌，都能一手包辦，竟然還能得到親朋好友的讚賞。讓我能一邊號召愛吃美食的朋友們，吃遍全台的蔬食餐廳，建立起蔬食界的評鑑指南外，還在《豐蔬食》書裡，放上了自己的私房創意食譜。

　　之後很多人就開始問我，做菜難嗎？其實還真的沒有想像的難。接著他們會問：吃素難嗎？對於一個已經吃了23年素食的我來說，不太記得起當年開始吃素到底難不難。但可以確定的是，當你跨出第一步，就能常常吃到美味的料理，那麼吃素對所有人來說，就會習慣成自然。素，不但一點也不難，還能讓你吃得更健康、更美味，對地球更是善盡我們環保的一份責任，讓「民以食為天」也同時能帶著對地球母親的感恩。

　　那麼，要怎麼吃才能健康、美味？最重要的還要符合忙碌現代人的飲食節奏和生活習慣。看到妙具法師出版的這本《禪居食堂》，讓我有一種大呼找到寶典般的答案。

　　從開胃菜到主食麵飯，再到養生湯品，每一道菜根據時令

節氣對應我們身體的需求，不但有了非常完整的書寫，讓讀者知道我們所吃進去的食物營養成分分析外，包括如挑選食材及保存，也都有非常專業的祕訣分享。

　　當你在看這本書時，還能搭配影音跟著妙具法師一起按照步驟，料理出連自己都會大吃一驚的美食。因為，所有的食譜都不需要明火，只要電鍋和電磁爐就可以搞定每一道讓人垂涎欲滴的素食大餐了。

這也正呼應了妙具法師公開食譜的初心，讓現代人能容易上手，從天然食材和無添加的理念裡，以「正念」的飲食態度，咀嚼出食物的原本美味，以及好好愛自己身體的實踐。

自序

禪居食堂的承啓因緣

文／妙具法師

很多事情的水到渠成，都是原本意想不到，卻自有其好因好緣，譬如，這本書的完成。

2011年，《人間福報》「蔬食版」編輯邀我寫專欄，當時我在旗山禪淨中心任職，稍微挪得出時間寫稿，便一口答應，自此與人間福報結下不解之緣。隔年，我被調派至人間福報讀報教育部門，負責全台各級學校的讀報教育、偏鄉讀報營隊等各項行政工作。

2014年轉至《人間福報》編輯部學習編務，2017年轉任教育推廣部，一樣負責讀報教育各項相關行政工作，另外也協助人間社記者培訓事宜。

2019年底，我們正全力籌備參加「2020年台北國際書展」，但新冠肺炎開始全球蔓延，過完農曆年，台北國際書展主辦單位為安全考量，破天荒取消書展。隨後疫情嚴峻，為配合政府各項防疫措施，人間社義工記者培訓課程、偏鄉讀報教育營隊以及各項活動都暫停。

許多人因疫情困居家中，無法外出也不敢在外用餐，許多

餐飲店家撐不下去，不得不關門。社長妙熙法師問我，是否來拍攝烹飪視頻，一方面能推廣素食；一方面也讓在家防疫的族群能學習簡單、營養的料理。

　　我們從2020年2月開始討論如何拍攝呈現、專輯名稱等相關事宜。想到許多人居家隔離，猶如佛門中「結夏安居」禪修精進一般，社長決定取名為《禪居食堂》。團隊夥伴們考量現代人外宿、獨居或小家庭居多，有的住處甚至沒有廚房設備，使用器具多以電子鍋、電鍋或電磁爐為主，食材更以超市或傳統市場容易取得的當季食材為主，料理方式則以簡單不複雜為要，希望讓不懂烹飪、沒有地方做菜，沒時間料理的人，也能輕鬆上菜。

　　我們在社長妙熙法師的帶領及指導下，從2020年3月開拍，4月23日正式上架。初始每周拍攝一次，後來因為調派到永和學舍任職，有時拍攝時間必須配合團隊調整，拍攝至今兩年多，已完成超過一百集的視頻。

　　這段時間，除了感謝拍攝團隊瑞杰、穎容、素月，大

家都盡其所能做好每一個人的本分，當然最要感謝的是妙熙法師給予我和大眾結緣、分享的機會。我們拍攝的地點，在報社辦公室內的小小會議室裡，所有同仁總是盡力配合所有需求，在拍攝結束後也都歡歡喜喜幫忙把食物吃完。

許多人看到《禪居食堂》視頻，問我：「怎麼不知道你什麼時候會做菜？在哪學的？」其實我從小就喜歡做菜，加上母親是「總鋪師」，每每家中有宴客時，我們姊妹四人都是打下手的好幫襯。出家後，看到家師星雲大師，在籌設中國佛教研究院研究部時，率領學生捲起袖子、繫上圍裙，為香客煮飯炒麵，希望大家吃得歡喜，願意出資協助辦學：大師這樣的精神深深感動我，更讓我體認到用心做好一分料理的意義。

我還要感謝依空法師，她自接任佛光山文化院院長以來，對我們諄諄教誨、照顧有加。有幾次斗膽把拍攝完的成品請依空法師指導，她總是不吝鼓勵及讚許，讓我這後生晚輩更有信心能繼續堅持不懈，自覺要再做得更好，才不枉長老師兄給予的肯定。

星雲大師曾說：「菜要煮出菜的味道。」過去不懂其

含義，現在已慢慢了解到，很多叢林菜只要簡單烹調，就能散發出原來的菜根香，讓每一道菜都能展現本來面貌；而現代很多蔬食都講求原食原味，以天然的食材、無添加其他，更合乎修行的本質。

　　在寺廟裡，煮飯菜給人吃，是很偉大的修行。星雲大師說：「我並不喜歡做『星雲大師』，只希望做一個典座師，煮飯、煮菜供養大眾，讓大家吃得歡喜，自己也會感到歡喜，那是一種與眾同樂的事情。」因此我也期許自己，學習大師這份與眾同樂的供養心，分享一點對料理的微薄所知，望大家不吝指教。

禪悅爲食

─ 開胃小菜

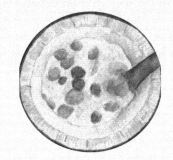

飽餐法味
— 主食麵飯

隨心自在
─ 養生湯品

百味具足

——

創意料理

即心即佛

— 手作家常

禪悅爲食

── 開胃小菜

食有長養資益之義，修行人法喜與禪悅，是以法與禪為精神食糧，以之資益身心。入於禪定，安靜悅樂，長養慧命，是名禪悅為食。

一

　　正餐之前，來一道開胃小菜醒味蕾，猶如初嘗禪之味，令身心喜悅安樂。

柚香溫沙拉

　　中秋節前後是柚子產季，果肉鮮甜多汁的絕佳口感，無論老少都喜愛。如果在這段期間柚子吃膩了，這道「柚香溫沙拉」，可讓你吃出新風味。

　　柚子營養豐富，果肉富含蛋白質、維生素B1、B2、C、P、胡蘿蔔素、鈣、磷、鐵及醣類、酒石酸、檸檬酸等。尤其膳食纖維、維生素C、鉀離子、柚皮素等含量都極為出色。柚子果肉富含膳食纖維，可促進腸道蠕動，幫助排便，具利水利尿、預防水腫效用。

　　此外，柚子的維生素C含量高，能養顏美容。柚子與葡萄柚類似，長期服用降血壓、降血脂、抗心律不整、免疫抑制劑等藥者，盡量減少食用。柚子含鉀量較高，限鉀、腎臟病人也要慎食。

食材

柚子	1顆	橄欖油	2大匙
葡萄柚	1顆	水果醋	2大匙
豆包片	2片	蜂蜜	1大匙
生香菇	3大朵	堅果	少許
馬鈴薯	2顆	鹽	適量
紅蘿蔔	1小段	黑胡椒粒	適量
生菜	2顆		

作法

1. 將柚子和葡萄柚剝出完整的果肉，紅蘿蔔刨絲泡入冰開水中備用。

2. 生菜洗淨備用，生香菇、豆包、馬鈴薯洗淨切片。

3. 將香菇、豆包、馬鈴薯放入鍋中，灑一點鹽和胡椒調味煎熟。

4. 生菜擺入盤中鋪底，再依次放入香菇、豆包、馬鈴薯、柚子、堅果、紅蘿蔔絲，最後淋上醬料即可。

影音示範

芒果沙拉

　　夏日來一道開味前菜，不但能讓人食指大動，更是賞心悅目。輕鬆做料理其實很容易，玩賞其間，並與之交融貫通，每一份食材都有其價值和意義。尊重它，對它釋出善意，就會激盪出各種創意，在食材之間做不同的搭配，必能調理出不同的好滋味。

　　土芒果俗稱「土檨仔」，外皮顏色為淡青綠，甜度高、富含高纖維，可提高抗氧化能力，也常被做成情人果和蜜餞，每年五至七月為盛產期。芒果營養價值比一般水果高，維生素A含量高，維生素C含量也不低，可調節身體的代謝能力。此外還富含礦物質、蛋白質、脂肪、糖類等營養成分。

挑選及保存

　　土芒果的果體較小，成橢圓形，選購時需注意果體有無病斑、壓傷，果頂有彈性者佳，若有黑斑或塊狀黑斑，表示內部已開始腐爛。未成熟的芒果買回家可以放在水果籃內待熟，已熟的芒果可用紙袋包起來放在冰箱保存，但最好不要超過2天，若太多吃不完，可以製成果塊、果丁放冷凍，或做成果汁。

食材

土芒果	4-6顆	薄荷葉	3-4片
（愛文芒果1顆即可）		金桔	1顆
馬鈴薯	1顆	橄欖油	適量
鴻喜菇	1包	水果醋	適量
生菜	1顆	綜合堅果	適量

作法

1. 馬鈴薯、芒果洗淨去皮切丁,鴻喜菇切去根部洗淨撥開,生菜、薄荷葉洗淨切絲。

2. 電鍋外鍋放1杯水,將馬鈴薯丁和鴻喜菇放入鍋中蒸熟後放涼備用。

3. 最後將芒果和蒸好的馬鈴薯、鴻喜菇,以及薄荷葉放入碗中,加入橄欖油、水果醋攪拌均勻,並加入適量堅果。

4. 盤中擺上一片生菜,再將沙拉盛盤分裝,即可食用。

影音示範

開胃小菜─芒果沙拉

玉帶杏鮑菇

　　用簡單的方式料理，能保持食物原來風味，以簡單的食材、步驟，做出美味健康的佳餚。凡事回歸於簡單，能知足自在，讓生命少去多餘的綴飾，不再為所需而紛擾，不再為所求而煩心。原來簡單這麼好！

　　想開始學做菜嗎？不妨從這道「玉帶杏鮑菇佐金桔醬」著手，只要幾個簡單步驟，就能成功上菜，趕快動手做做看吧！

　　清脆爽口的小黃瓜從一到十月都是生長季，營養豐富，具有96％的高水分，熱量相較其他蔬菜都還低，含有丙醇二酸，加上纖維質高，能促進體內環保與腸道蠕動。此外，小黃瓜還富含維生素C，有美白效果。

挑選及保存

　　新鮮的小黃瓜該如何挑選呢？建議挑外皮青綠且帶有明顯尖刺的，瓜條要粗細均勻，摸起來飽滿硬實有重量感，這樣的小黃瓜含水量較充足。食用小黃瓜前務必以流動的清水多次徹底沖洗，可大幅度降低農藥殘留。

食材

杏鮑菇	2-3條
小黃瓜	2條
金桔醬	適量

（可以用醬油膏或梅子醬替代）

作法

1. 外鍋加0.5杯水先將電鍋預熱。

2. 將杏鮑菇洗淨切約0.5公分薄片放入電鍋，按下開關，完成後取出放涼備用。

3. 將小黃瓜用刨刀刨成薄片，然後用小黃瓜片把杏鮑菇捲起來，用牙籤固定。

4. 擺盤佐金桔醬。

影音示範

涼拌小黃瓜

　　熾熱的天氣容易讓人沒胃口，這道「涼拌小黃瓜」，吃起來不但消暑爽口，小黃瓜還有降血壓、膽固醇的作用，是夏季冰箱中不可或缺的家常菜。小黃瓜的營養價值相當高，含有維生素A、B、E、K、鈣、鐵和鉀等多種營養素。鉀有利尿的功效，能幫助排除體內毒素。

　　小黃瓜所含的水溶性纖維高，能與其他食物一起發酵生成脂肪酸，被腸壁吸收後轉送到肝臟，協助膽固醇調節。此外，小黃瓜含有 β-胡蘿蔔素，轉化為維生素A後，可以保護視力，還有抑制自由基的功效，可增加身體的免疫力。

挑選及保存

　　購買時選擇外型圓直、粗細均勻的瓜條為宜，且外皮呈現青綠或淺綠色，並帶有小刺代表較新鮮。小黃瓜放在室溫下超過3天，就會開始水分流失，瓜肉變得乾扁，建議先將瓜條表面的水分擦乾，放入保鮮袋存放冰箱，可延長1周的保存期。

食材

小黃瓜	3條	辣椒	2條
鹽	3小匙	糖	3大匙
嫩薑	1塊	檸檬	1顆

作法

1. 小黃瓜洗淨濾乾後，切去頭尾直剖成4等分，再去籽對剖成8條，最後切成約4公分長度，放入容器中加3小匙鹽抓勻。

2. 辣椒、薑切洗淨切片放入小黃瓜中一起醃漬，等小黃瓜出水瀝乾後加糖拌勻。再將檸檬壓汁加入拌勻，醃製約1小時即可。

3. 削一點檸檬皮加入小黃瓜中，增加檸檬香氣，即可上桌品嘗。

4. 醃漬好的小黃瓜冰涼後更清脆爽口，但不要放太久，盡量在3天內食用完畢。

影音示範

涼拌苦瓜

　　苦瓜，味苦清香，是藥食兩用的食材，但因為苦味，很多人敬而遠之，事實上它的功效可以改善食欲、降火氣。苦瓜的吃法很多，如炒苦瓜、乾煸苦瓜、涼拌苦瓜等。苦瓜雖苦，卻不會把苦味傳給一起煮的食材。因此，苦瓜又被眾多美食家譽為「君子菜」，所謂「君子矜而不爭」。

　　苦瓜具有消暑清熱的效果，相當適合在炎炎夏日食用，其苦瓜素是一種活性清脂素，號稱脂肪殺手，能幫助分解脂肪，此外苦瓜還有降血糖等功效。有「瓜中C王」美譽的苦瓜，還富含葉酸，維生素B1、B2及鈣、鎂、鉀等礦物質，營養價值相當多元，是一等好食材。

挑選及保存

　　購買苦瓜時，最好選擇表皮光亮飽滿，沒有病斑、傷疤者較為新鮮。果瘤較大代表瓜肉厚實、味美，反之顆粒較小者，瓜肉相對比較單薄，口感不佳。苦瓜是易熟的食材，買回家後可先用報紙包裹，再放進冰箱最底層，以冷藏的方式保存，並在3天內食用完畢。

食材

苦瓜	1條	冰糖	1小匙
檸檬	1顆	鹽	1小匙
醬油	2大匙	冰塊	適量
水	5大匙		

作法

1. 備一鍋冰水，將苦瓜洗淨切開去籽，用刨刀刨成薄片，放入1小匙鹽用手輕輕抓軟，再倒掉多餘的鹽水，放入冰水中冰鎮，除鹹味後撈起濾乾水分。

2. 檸檬壓汁加入醬油2大匙、水5大匙、冰糖1小匙，拌勻成醬汁。

3. 將苦瓜濾乾，取一半醬汁倒入苦瓜中拌勻後將湯汁倒掉，以免多餘的湯汁讓味道變太淡。

4. 盛盤時再將一半醬汁淋上，切取少許檸檬皮灑在苦瓜上即可上桌。

貼心小叮嚀

醃漬好的苦瓜冰涼後更清脆爽口，但不要放太久，最好當餐食用完畢。

影音示範

涼拌辣麻珊瑚草

　　珊瑚草含有豐富的天然植物膠原蛋白、海中酵素，及多種維生素等多種礦物質。膠原蛋白是珊瑚草當中含量最多的成分，健康好處多多，故有「海底燕窩」的美稱。

　　珊瑚草嘗起來有點黏滑感，這是因為有種褐藻多醣的成分，能降低膽固醇、降低血壓、抗過敏，以及清血作用。能促進抗氧化酵素的活性，增強肝臟解毒功能、排除體內重金屬毒素。含酵素則能促進腸胃蠕動，改善便祕等問題。

　　珊瑚草料理方式多元，可做涼拌、果凍和果汁食用。但料理前必須將珊瑚草泡發，浸泡時間長短會依季節、品質而不同，預估四小時左右，每一到兩小時需換水一次。

挑選及保存

採買珊瑚草時，盡可能選購乾燥品，有淡淡腥味是正常現象，若有臭油味、顏色焦黑、深咖啡色、價格太過便宜、腥味非常重者，都屬劣質品，避免選購。

食材

珊瑚草	適量	鹽	2小匙
小黃瓜	3條	甘草	2片
嫩薑	1小塊	醬油	適量
辣椒	2條	油	適量
花椒（大紅袍）	2大匙	白芝麻	少許
八角	2顆		

作法

1. 珊瑚草先泡水3-4小時、嫩薑切細絲、小黃瓜切絲、辣椒切段備用。

2. 鍋中倒入油熱鍋，後放入甘草、八角和花椒，用小火炒並倒入醬油，稍微煮滾再倒進少許開水、加2小匙鹽，煮出味道後即可放碗中當辣醬備用。

3. 將泡發的珊瑚草剪成5公分長度，倒入薑絲和半碗辣椒醬拌勻，再加入小黃瓜以及剩下的醬料拌勻即可。上桌前可撒上適量芝麻，增色又增香。

影音示範

貼心小叮嚀

珊瑚草較不易入味，所以要先拌醬料入味後再加小黃瓜。

涼拌馬鈴薯

馬鈴薯歸類在五穀根莖類，又兼具蔬菜特性，一百公克的馬鈴薯約有半碗蔬菜的纖維質。馬鈴薯也是相當優秀的澱粉來源，是減肥好食材，馬鈴薯熱量比白米飯少，吃起來也有飽足感。

除此之外，馬鈴薯的纖維質、維生素C含量豐富，還含有維生素B、礦物質鈣、鎂、鐵等，以及少量蛋白質，幾乎接近全營養。美國心臟學會將馬鈴薯列為心臟健康的食物，主要原因是含有豐富的鉀，攝取足夠的鉀，對於人體健康有好處。

食材

馬鈴薯	2顆
辣椒	1根
花椒	1大匙
鹽	1小匙
醬油	1大匙
白醋	1大匙
油	1中匙
香菜	少許

作法

1. 熱鍋加一碗水將花椒煮出味道，放冷後加入鹽、醬油、白醋調成醬料。

2. 馬鈴薯切絲泡水，先將澱粉泡出。香菜洗淨切段、辣椒洗淨去籽切絲。

3. 馬鈴薯泡完水後以熱水汆燙半分鐘，再濾乾水分加入醬料，以辣椒及香菜裝飾即可。

影音示範

貼心小叮嚀

馬鈴薯汆燙時間不宜太久，才能保有清脆的口感。

涼拌大頭菜

　　大頭菜因口感清脆、鮮甜，且料理方式多元，炒、滷、醃製或煮湯等都可行，且被視為「天然消化藥材」。將大頭菜做成涼拌小菜，不僅做法簡單，也清脆爽口、助開胃。

　　大頭菜原產於北歐沿海一帶，是甘藍的變種，選購時，可以挑選葉梗飽滿、葉片翠綠的大頭菜較為新鮮。大頭菜含有豐富的葉酸、維生素和礦物質，具有抗氧化、增強免疫力的功效，尤其富含水分及膳食纖維。

　　據《中國藥用植物志》記載，大頭菜益腎、利五臟，能促進腸胃蠕動，習慣性便祕的人，吃大頭菜補充纖維質，有助排便。

食材

大頭菜	1顆	油	1大匙
辣椒	1條	鹽	1小匙
紅蘿蔔	1條	胡椒粉	1小匙
香菜	1把	花椒粒	2小匙
醬油	適量		

作法

1. 將大頭菜和紅蘿蔔去皮切長絲,分開用少許鹽醃軟。

2. 煮一鍋開水將大頭菜、紅蘿蔔汆燙一下,撈起濾乾備用。

3. 煮一碗熱水放入花椒煮約2分鐘出味道,倒出放入油、醬油、胡椒、鹽,調勻放涼。

4. 香菜洗淨切段,辣椒去籽切絲。

5. 將濾乾的大頭菜、紅蘿蔔拌勻擺盤,淋上作法3的醬汁,放上辣椒香菜即可上桌。

影音示範

開胃小菜─涼拌大頭菜

紫蘇豆腐涼菜

　　豆腐是便宜又能做出百變料理的家常食材,不管是涼拌,或煎煮炒炸皆可。用豆腐和水梨製作的「紫蘇豆腐涼菜」,不僅外型精緻小巧,更是可口美味。

　　素食者蛋白質來源之一的豆腐,熱量低且富含維生素B、E、膳食纖維。由於豆腐具高蛋白、低卡、營養、富飽足感的特性,讓許多人把它當成減肥時的食材,維生素E則能防衰老。

　　水梨含水量高達89%,因此號稱「天然礦泉水」。古書記載水梨可以滋潤肺胃、清熱化痰,可用於咳嗽少痰、咽乾口燥,常拿來食療用,有「百果之宗」的美稱。

食材

紫蘇葉	12片	美乃滋	1大匙
盒裝豆腐	1盒	蜂蜜	1大匙
梨子	1顆	枸杞	少許
花生醬	1大匙	明眼萵苣	少許
檸檬	1顆	鹽	適量
辣椒醬	1小匙		

作法

1. 紫蘇葉、枸杞、明眼莒苣洗淨備用；豆腐切約厚1公分，長寬約2-3公分正方形塊狀；梨子去皮後切約厚0.5公分，長寬約2-3公分正方形塊狀。

2. 檸檬取汁，加入花生醬、辣椒醬、美乃滋、鹽等調成醬汁。

3. 備盤將洗好的紫蘇葉排成花的形狀，將梨子放在紫蘇葉上，再放上豆腐，最後淋上少許醬汁，並以枸杞和明眼莒苣點綴其上即可。

影音示範

開胃小菜－紫蘇豆腐涼菜

紫蘇涼拌時蔬

　　高溫悶熱的夏季，容易感到沒食欲，來一道簡單的時蔬沙拉，就是餐桌上美味的佳餚。夏日盛產的小黃瓜，營養價值豐富，水分含量高達97%，熱量相當低，加上清脆的好口感，是有助消暑解熱、增加食欲的好蔬菜。

　　小黃瓜含鉀有利尿的功效，當中的水溶性纖維高，能與其他食物一起發酵而生成脂肪酸，被腸壁吸收後轉送到肝臟內，可協助膽固醇的調節。此外，小黃瓜含有β-胡蘿蔔素，轉化為維生素A後，可以保護視力，同時增加身體的免疫力，還具有抑制自由基的功效。紫蘇葉內含α-亞麻酸，搭配料理好看又營養。

食材

杏鮑菇	2條
小黃瓜	2根
紅蘿蔔	1/2根
馬鈴薯	2顆
紫蘇葉	適量
松子	適量
日式和風醬	適量

作法

1. 杏鮑菇用手撕成條狀；紅蘿蔔去皮切絲；紫蘇洗淨切絲；馬鈴薯去皮切細絲，並放入水中，避免氧化變色；小黃瓜切絲後直接擺盤。

2. 用乾鍋將杏鮑菇炒香，關掉電磁爐後，用餘溫將松子炒熟。將開水煮沸，倒入馬鈴薯汆燙，起鍋之後再倒入紅蘿蔔煮熟。

3. 所有食材煮好後，依序放入盤中，最後灑上松子。也可以搭配和風醬享用，便是清爽可口的涼拌佳餚。

影音示範

開胃小菜－紫蘇涼拌時蔬

42

紫蘇佛瓜薯捲

　　民眾對佛手瓜可能有點陌生，但其實它跟龍鬚菜是同一種作物，營養極為全面，富含許多的維生素與礦物質。可以清肺解熱、健脾開胃，容易消化不良的人極為適合食用。

　　佛手瓜是龍鬚菜的果實，因外型像一雙虔誠敬拜的雙手而得名。熱量低，一百公克只有二十三大卡，可以當作水果生吃，口感類似小黃瓜，十分清脆。佛手瓜選購祕訣是果肩部位光澤、果皮表面縱溝較淺者，呈鮮綠色、細嫩、未硬化，吃起來會更加美味，在炎熱的夏天做成涼拌菜，非常清爽開胃。

食材

馬鈴薯	6-8顆	紫蘇	適量
佛手瓜	2顆	太白粉	適量
紅蘿蔔	1條	鹽	適量
千張	3張	和風醬	適量

作法

1. 馬鈴薯、佛手瓜去皮切薄片，分別用鹽醃軟後將鹽分洗掉濾乾。紅蘿蔔去皮切絲，紫蘇洗淨備用。

2. 將千張剪成4等分，砧板上先鋪上保鮮膜，取一小張千張放在上面，抹一層太白粉後，放上紫蘇葉，上面再放上馬鈴薯，約鋪至3/4之處即可。接著上面放佛手瓜到一半處，再放上一點紅蘿蔔絲，即可慢慢捲起，用保鮮膜將兩端捲緊。

3. 全部捲好後放入電鍋中，外鍋放2杯水，等完成後取出放涼切塊擺盤，最後淋上和風醬就可以上菜享用。

影音示範

梅漬番茄

　　番茄是國內常見的水果，夏天做成梅漬番茄，冰涼酸甜的好滋味，不管是開胃菜或飯後小點都超級適合，而且製作過程相當簡單，料理新手也不會失敗。

　　番茄主要營養素為茄紅素，存在於果肉及番茄表皮。茄紅素是一種天然色素，存在番茄、葡萄柚、甜椒、柿子等紅橙色蔬果。

　　除了茄紅素外，小番茄富含多種維生素及膳食纖維，維生素A可保健眼睛、提高免疫力，維生素C可抗氧化、養顏美容，營養功能相當多。每一百公克小番茄，大約只有三十七大卡的熱量，是輕食者的好選擇。

挑選及保存

　　採買小番茄時，盡量挑選外型豐圓或長圓、外表光滑、無裂痕碰撞痕跡、蒂頭不易拔除。顏色呈鮮紅色，代表茄紅素愈多。

　　保存時，盡量保持小番茄蒂頭完整，室溫晒不到陽光處可存放3天左右，放冰箱則可保存7-10天。但小番茄清洗後存放在冰箱，容易發霉，所以食用前，要再用流動的水沖洗一遍。

食材

小番茄	1盒	蜂蜜	1-2湯匙
話梅	15-20顆	水	4-5碗

作法

1. 梅子加4碗水煮開，放涼備用。

2. 小番茄底部畫十字刀，放入熱開水中泡約5分鐘。

3. 取出番茄剝掉外皮，放入冰水中泡涼，再放入煮好的梅子水浸泡，即可放進冰箱冷藏，隔天食用。

影音示範

開胃小菜－梅漬番茄

飽餐法味

——主食麵飯

妙法之滋味，咀嚼而心生快樂，謂之法味。佛陀說法，義趣甚深，須細細咀嚼體得，方生快樂，以美味譬之。《華嚴經》云：「願一切眾生，法味增益，常得滿足。」

—

日常蔬食，多吃米麥五穀，得以飽足增淨善能量，搭配多樣的食材，即是美味可口的活力主食。

朝鮮薊義大利螺旋麵

　　喜歡法式、義式料理的人，一定看過這種外觀類似釋迦，又貌似花朵的食材，它的名字叫做「朝鮮薊」。原產於地中海沿岸，因獨特的美味及營養價值，有「蔬菜之皇」的美稱，近年國內也有少數農友試種。

　　朝鮮薊又稱菜薊，早在古猶太、羅馬和希臘料理中已作為蔬菜食用。它的維生素含量非常豐富，過去古埃及人、希臘人和羅馬人皆視為食用級藥草，是食療聖品之一。

　　雖然朝鮮薊長得很大一顆，但可食用部位不多，只能品嘗花苞和花托，而且處理起來也相當麻煩，再加上本土產量少，只能在高級餐廳才能吃得到朝鮮薊料理。

挑選及保存

　　朝鮮薊挑選花蕾閉合者較佳，且表面沒有黑點，切開莖部時，飽水、無黑點者較新鮮。

食材

義大利螺旋麵	200克	鹽	4小匙
朝鮮薊	3-4朵	橄欖油	5-6大匙
檸檬	2.5顆	檸檬葉	1片
杏鮑菇	2條	美乃滋	約0.5小碗
玉米筍	1包	薑片	適量
馬鈴薯	1顆	黑胡椒粒	適量
紅蘿蔔	1條	義式香料	適量
西芹	1-2片		

作法

1. 準備一鍋約1500-2000CC的水，2顆檸檬榨汁再將檸檬整顆加入水中，做成檸檬水備用。

2. 去除朝鮮薊外圍較硬的花瓣及上方1/2的部分，切下莖部並削去較硬的部分，再用剪刀修剪花蕾尖端的刺，放入檸檬水中浸泡防止褐化。

3. 將朝鮮薊的花苞對切，用湯匙挖除花心內部絨毛後泡於檸檬水中。

4. 杏鮑菇洗淨切塊、玉米筍洗淨對切，西芹洗淨將外皮粗絲去除切塊，馬鈴薯及紅蘿蔔洗淨去皮切塊備用。

5. 將紅蘿蔔、玉米筍、義大利螺旋麵、西芹、杏鮑菇、馬鈴薯依次放入電子鍋，加入黑胡椒粒、義式香料、鹽及2.5杯水，將處理好的朝鮮薊放在最上面，並在花心內擺上薑片，再淋上橄欖油。

6. 蓋上鍋蓋選擇煮飯模式，完成後取出朝鮮薊及薑片，其他食材拌勻即可上桌。

影音示範

薑黃菇菇燉飯

　　玉米筍，有的可以直接煮來吃、有的去了殼，炒來當菜吃，這還沒長大的玉米，雖沒有玉米的清甜飽滿，卻有著稚嫩的清香脆口，也別有一番風味。

　　薑黃是近年相當熱門的養生食材，不少茶飲、料理中都可以見到它的身影，不僅可以增添食材風味，也有抗癌、抗發炎等營養價值。薑黃主要生長在南亞地區，自古以來就被當成香料使用，最常被用在咖哩、茶飲等。薑黃具有抗氧化、抗發炎，以及預防失智症、心血管疾病的功效，因此在近幾年成為相當火紅的食療寵兒。

　　杏鮑菇屬於低脂肪、低熱量、高蛋白質和高纖維的食物，且富含豐富的維他命B2、泛酸及鉀、磷、銅等礦物質。食用益處也相當多，可以幫助預防便祕、降血壓等功能。

挑選及保存

選購薑黃粉時，可以利用嘴巴嘗、水測法的方式，可以取一點點放進嘴巴中，薑黃粉帶有微苦辣味，濃度愈高，苦辣味愈明顯。薑黃粉有很好的分散性，放入水中攪拌一下，薑黃素含量高的會呈現均勻混濁的情況，若出現結塊現象，表示薑黃素濃度較低。

食材

米	2杯	鹽	1小匙
水	1.5杯	油	1大匙
杏鮑菇	2條	黑胡椒粉	1小匙
玉米筍	1盒	醬油	適量
薑黃粉	2小匙	堅果	適量

作法

1. 先將米洗好備用。

2. 杏鮑菇、玉米筍洗淨切滾刀備用。

3. 將米放入電子鍋內,加入1.5杯水,再放入玉米筍、杏鮑菇和2小匙薑黃粉,並加入鹽、橄欖油、黑胡椒粉、醬油調味。

4. 按下電鍋開關,完成後再燜約20分鐘,將所有材料拌勻即可上桌。

影音示範

主食麵飯－薑黃菇菇燉飯

番茄燉飯

　　在佛門，吃飯、睡覺都是一堂修行功課。從日常的吃飯、睡覺，保持正念，活在當下，飲食節量，淡泊喜樂，便能長命百歲。所以簡單吃飯、簡單料理，也是生活修行的功課。

　　番茄主要營養素為茄紅素，存在於果肉及番茄表皮，茄紅素具抗氧化功效，可降低動脈硬化風險及延緩身體老化。此外，茄紅素具抗紫外線自由基作用，能減少皮膚傷害，降低黑色素的生成，達到養顏美容的效果。

　　鴻喜菇熱量低，含高蛋白、高纖維，以及多種人體必需氨基酸，營養價值相當豐富，且富含維生素D，可維護牙齒與骨骼強健。低糖和低脂的特性，也相當適合需控制血壓、血糖和膽固醇的人食用。

挑選及保存

選購鴻喜菇時，可先確認菇傘是否為淡淡的焦褐色，有沒有裂開或折損，避免買到包裝袋有水氣者，以免水分導致鴻喜菇受損。

採買番茄時，可挑果形豐圓、長圓，表皮光滑、無裂痕、蒂頭不易拔除者，顏色挑選鮮紅色的，愈紅代表茄紅素愈多。

食材

米	2杯	鹽	適量
水	1.5杯	油	適量
小番茄	1大碗	黑胡椒粉	適量
（或大番茄	2~3顆）	醬油膏	適量
鴻喜菇	1包	迷迭香（或義式綜合香料）	

作法

1. 米洗好備用。

2. 小番茄洗淨對切，鴻喜菇洗淨剝好備用。

3. 將米放入電子鍋內，加入鹽、黑胡椒粉、油、醬油膏調味，再放入鴻喜菇、番茄。

4. 鍋內加入1.5杯水，選擇煮飯鍵。

5. 等煮好後再燜約15-20分鐘，打開鍋蓋將飯和材料拌勻即可。

影音示範

牛蒡燉飯

民以食為天，飲食為生存的根本。善巧的家庭主婦，若能將一道簡單的菜餚千變萬化，必然少不了讚美和歡笑。加入一些新的體驗和嘗試，改變一下料理的方式，有時也會有意外的收穫。

牛蒡是日本料理常見的食材，雖然看似不起眼，卻是很好的養生食材。牛蒡的料理方式相當多元，除了入菜還能做成茶飲喝。牛蒡屬於高纖維食物，含有醣類、纖維質、維生素B和C，以及鈣、鎂、鋅等礦物質，營養價值很豐富。

牛蒡當中的菊苣纖維不但能增添飽足感，也是腸內益生菌的重要養分，能幫助腸道蠕動，促進代謝率。《本草綱目》記載：「牛蒡通十二經脈、除五臟惡氣，久服輕身耐老。」可說是相當好的食材。

挑選及保存

　　購買牛蒡時選擇未削皮且帶有泥土、鬚根少者，品質較為新鮮。尾端會自然彎曲有彈性的，表示富含水分，口感較鮮嫩。烹調牛蒡前可以先按壓表面檢查新鮮度，若質地發軟、乾扁就不要再食用。冷藏的牛蒡約可保存3-5天，盡量用保鮮膜或牛皮紙完整包覆，再放入冰箱。

食材

米	2杯	醬油	適量
牛蒡	1段 （切絲約1碗）	薑絲	適量
舞菇	1包	新鮮紫蘇葉	適量
油	1大匙		
鹽	2小匙		

作法

1. 先將米洗好備用，牛蒡洗淨用刀刮去外皮後切絲，薑洗淨切絲，舞菇去蒂洗淨剝開，紫蘇葉洗淨切絲備用。

2. 將米放入電子鍋內加入鹽、油、醬油及2杯水，再將牛蒡絲、舞菇、薑絲加入鍋中鋪平。

3. 蓋上鍋蓋按下煮飯鍵，完成後再燜20分鐘，打開鍋蓋加入紫蘇絲拌勻，即可上桌食用。

影音示範

貼心小叮嚀

牛蒡含有大量的鐵質，去皮、切開後暴露在空氣中很快就會氧化發黑，切好後先放進清水可浸泡再烹調，但這樣會讓部分的營養素流失，最佳的方式是下鍋前再切，並且馬上料理。

香濃咖哩飯

咖哩飯是許多民眾喜愛的餐點,加上口味多樣,有日式、印度風、泰式、台式等,都各有特色。這道「咖哩飯」,選用印度咖哩粉熬煮醬汁,與多種香料結合,讓口感富含層次、香氣濃郁,色香味俱全,讓人食欲大增。

咖哩是由許多植物成分組成的亮黃香料粉,各地依口味和喜好所調出來的都不一樣,通常包括薑黃、香菜、小茴香、葫蘆巴和辣椒,其他常見添加薑、黑胡椒、芥末籽、咖哩葉和茴香籽。

咖哩對健康有許多好處,當中所含的辣味辛香料會讓胃液分泌,進而加速腸胃蠕動,讓食欲大增。另外,咖哩中大部分的香辛料,與胃液中的強酸結合後,有消毒、殺菌的功用,可以幫助體內排毒。

食材

米	2杯	綠花椰菜	1顆
杏鮑菇	2-3條	印度咖哩粉	1/2杯
馬鈴薯	1-2顆	椰漿	1/2杯
紅蘿蔔	1條	鹽	2小匙
素之寶	1碗	蓮藕粉	適量

作法

1. 先將米洗淨放入電子鍋中煮熟，加一點油和鹽巴，能讓它更好吃。

2. 素之寶加水泡發洗淨，可多洗幾遍才不會有豆燻味。

3. 馬鈴薯、紅蘿蔔、杏鮑菇切滾刀，花椰菜洗淨後剝成小朵備用。

4. 熱鍋加油，先加1小匙鹽再依序放入素之寶、紅蘿蔔、杏鮑菇、馬鈴薯，炒約半熟加水淹過食材，以咖哩粉調味，待食材煮熟後再加入花椰菜，煮熟後倒入椰漿。

5. 咖哩拌好後，用蓮藕粉加水勾薄芡就可起鍋享用。

影音示範

雙味米糰子

米飯是主食之一，將煮好的米飯加入日式梅子和薑黃粉，再加入香鬆捏成圓狀，「雙味米糰子」即可輕鬆上桌。不僅營養好吃，料理過程也相當有趣好玩。

梅子是營養豐富的水果，果肉含有少量醣類，像是蔗糖、果糖、葡萄糖等。也有微量的蛋白質、脂質、胡蘿蔔素、維生素B1、B2、C等。礦物質部分，以鉀含量最高，另外也含鎂、磷、鈣、鈉、鐵等。

薑黃中的薑黃素，能強化肝臟機能，促進膽汁分泌、抑制內臟發炎、強化心臟。還有促進食欲、改善血液循環、提高免疫力、抗癌、重整腸，以及活化腦機能的作用。

挑選及保存

　　在家自製醃梅時，選梅子以果實大、色澤翠綠、表面無傷為佳，若梅果上有一滴透明膠狀，是果蠅叮咬並下蛋。表面有刮痕、損傷，也盡量不要買來醃漬。

　　梅子保存的方式，依熟度而有所不同，六、七分熟的青梅，適合做脆梅及醃梅，保存方式可用塑膠袋封好後，直接放入冰箱冷藏，如此可延長梅子的脆度。八、九分熟的梅子，建議封好後，直接放在陰涼處催熟。

食材

米	3杯	醃漬梅子	6-8顆
水	3杯	新鮮紫蘇葉	40片
油	1大匙	芝麻或堅果碎	適量
鹽	1小匙	香鬆	適量
薑黃	2小匙		

作法

1. 將米洗好放入電子鍋，加入水3杯、油1大匙、鹽1小匙，選擇煮飯鍵。

2. 紫蘇葉洗淨，醃漬梅子去子，取梅肉切碎備用。

3. 完成後將飯分成二等分，分別加入薑黃、醃漬梅子拌勻。

4. 舀一小湯匙飯在塑膠袋上鋪平，中間放入香鬆後再蓋一小湯匙飯，捏成小糰子。

5. 將捏好的小糰子放在紫蘇葉上擺入盤中，最後撒上芝麻（或堅果碎）即可。

貼心小叮嚀

1. 煮飯時加入少許油及鹽，會使飯較鬆軟好吃，做米糰子要多加點油，在塑形時才不會沾黏。

2. 醃漬梅子也可以用脆梅或醃梅，不同的梅子吃起來有不一樣的風味。

影音示範

喜慶福氣珍珠丸

　　佛門道：「金衣缽，銀客堂，珍珠瑪瑙下廚房。」可見在廚房發心工作的可貴。

　　塊根肥大的豆薯是農家常見的根莖類作物，外觀帶有土黃色，看起來不起眼，但內部呈雪白色、水分約占八成，吃起來爽脆，且營養價值高，有「地底下的水梨」之稱。豆薯的烹調方式相當多元，涼拌、快炒、煮湯，或是做成餡料，口味都相當佳。

　　豆薯塊根富含碳水化合物、蛋白質，還有人體所需的維生素C、鈣、鐵、鋅、銅、磷等多種營養素。雖然澱粉含量高、熱量卻很低，且易產生飽足感。在中醫觀點上，豆薯性涼味甘，具有生津止渴、降血壓等功效。

挑選及保存

　　採購豆薯時，以個大、堅實、飽滿為佳，拿起來要有重量感，鬚根少的表示水分比較充足。通常形狀凹凸不平的豆薯多未經過存放，水分較飽足、口感較脆，適合涼拌或快炒、煮湯；比較平滑的豆薯水分已流失，味道比較豐厚，適合燉湯或做為餡料使用。

食材

白米	2杯	豆薯	1碗
板豆腐	1/2塊	米	1/2杯
豆包漿	1碗	乾香菇	3朵
素鱈魚漿	1/2碗	油 醬油 胡椒 蓮藕粉	

作法

1. 香菇泡發切丁、豆薯切丁備
   用，豆腐壓碎成泥狀。

2. 米洗淨，泡水約1小時濾乾備
   用。

3. 備一個鍋子，將豆薯丁、香
   菇丁、豆腐泥、素鱈魚漿，
   和豆包漿混和均勻，加入2大
   匙蓮藕粉、醬油、胡椒和油
   等調味。

影音示範

雪蓮總匯燉飯

　　不想花太多時間做飯，卻又想吃得豐盛、營養，這時燉飯就是最佳首選，只要一個電子鍋就能輕鬆變大廚。「雪蓮總匯燉飯」中滿滿的配料幾乎占了半鍋，起鍋後色香味俱全的模樣，讓人垂涎三尺。

　　雪蓮子原產於亞洲西部，是西式料理中常見的食物，主要分布在地中海沿岸、亞洲、美洲等地區，目前印度及巴基斯坦為最大宗的栽種國。雪蓮子因白色外觀與蓮子相當雷同，又因其形狀尖如鷹嘴，又稱鷹嘴豆。

　　雪蓮子近幾年備受營養師推崇，不含麩質，是高營養的豆類植物，富含植物蛋白、膳食纖維、葉酸、鎂、鉀、鐵，以及維生素A、E、C，且還含有人體必需胺基酸。此外，雪蓮子是對環境友善的作物，有助抗旱、抗寒，還能滋養土地，減少對化肥的需求。

食材

白米	2杯	玉米粒	1杯
雪蓮子（鷹嘴豆）	1杯	橄欖油	2大匙
馬鈴薯	1杯	鹽	適量
紅蘿蔔	1/2條	黑胡椒粒	適量
番茄	4-5顆	綜合義式香料	適量
乾香菇	4朵		

作法

1. 雪蓮子洗淨後，至少泡3小時放軟，白米洗淨，馬鈴薯和紅蘿蔔去皮切丁，番茄洗淨去蒂切丁，香菇泡發切丁。

2. 將作法1食材全部放入電子鍋中，再加入玉米粒、鹽、黑胡椒粒、綜合義式香料、橄欖油，最後加1杯水和半杯泡香菇的水。

3. 電子鍋按煮飯鍵，完成後攪拌均勻就可以盛起上桌享用。

影音示範

南瓜百合蓮子小米粥

　　南瓜百合蓮子小米粥是一道健康營養的粥品，不但熱量不高，還易產生飽足感，吃一碗就能充滿活力，適合年長者、身體虛弱者。南瓜含有豐富的鉻和鎳，對於糖尿病患者是天賜良品。此外，南瓜含有蛋白質、胡蘿蔔素及多種維他命和胺基酸、礦物質等，有益身體健康。

　　小米在新石器時代就有種植記錄，古稱稷、粟，只需脫殼不用精製，能完整保留原始營養價值。它最大特性是不含麩質，很容易被人體消化吸收，且富含蛋白質、維生素B2、C、E、纖維質，以及鐵、鈣、磷、鐵、鉀等礦物質，是養生首選。

　　南瓜低糖、低熱量的特性可以取代主食食用，且南瓜從內到外都有營養價值，堪稱「超級食物」。南瓜與小米一起煮成粥，能促進新陳代謝，是一道適合全家大小享用的餐點。

食材

白米	2杯
小米	1.5杯
南瓜	2-3碗
蓮子	半杯
乾百合	半杯
水	12-13杯

作法

1. 百合用溫水泡發30-40分鐘，之後濾水洗淨、瀝乾。米和蓮子洗淨，南瓜削皮去籽，切約3公分大小方塊備用。

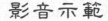

2. 小米和水以1：8的比例放入電子鍋中，1.5杯的小米倒入12杯的水，再放入其餘食材，按下煮粥鍵，完成後即可食用。

貼心小叮嚀

1. 有些乾百合帶有酸味，建議用溫水全泡發約30分鐘以上後，再用清水清洗2-3遍，將雜質完全洗淨再烹調。

2. 新鮮的乾蓮子不需要泡發，只要洗淨即可以下鍋煮，蓮子若放太久不易煮爛，建議可先放冷凍冰一天再煮。

主食麵飯—南瓜百合蓮子小米粥

海風鮮蔬燉飯

「海風鮮蔬燉飯」除了蔬菜外，昆布能讓一些喜歡重口味，或沒有吃素的人多一種選擇。海帶是海藻蔬菜的一員，藻類從海中吸收各種礦物質作為營養，因此海藻有低熱量、低脂肪、高纖維、富礦物質的特性，是大海中的超級食物。

海藻含有各式各樣的光合成色素，如葉綠素、藻紅素和藻褐素等。葉綠素在身體內扮演清道夫的角色，且能提升身體的免疫力。藻褐素則有防止脂肪堆積，防止肥胖的功效。

毛豆含有豐富的植物蛋白，且品質優，可以媲美動物性蛋白質，且易被人體吸收利用，是植物中唯一含有完全蛋白質的食物。毛豆含有大量氨基酸、卵磷脂、大豆異黃酮、維生素B，以及豐富礦物質等，是蔬食者不可缺少的營養來源之一。

食材

白米	2杯	毛豆	1小碗
鮮香菇	3-5朵	醬油	1大匙
紅蘿蔔	1條	油	2大匙
昆布	1小片	胡椒粉	適量
高麗菜	1/4顆	鹽	適量

作法

1. 先將毛豆洗淨，高麗菜、鮮香菇、紅蘿蔔洗淨切丁，昆布剪成短條狀加水泡軟使用。

2. 米洗淨放入電子鍋內，加入醬油、油、胡椒粉、鹽調味拌勻。

3. 放入鮮香菇、紅蘿蔔、昆布、高麗菜，加入2杯水（包含泡昆布的水），之後蓋上鍋蓋按煮飯鍵，完成後拌勻即可食用。

貼心小叮嚀

1. 可選用自己喜歡的蔬菜，如馬鈴薯、結頭菜、蘿蔔、西洋芹等，但綠色蔬菜如A菜、萵苣等，因燉煮會發黃變爛，所以不適合選用。

2. 食用時也可適度加一點芝麻、海苔絲等，增加燉飯的香氣及風味。

影音示範

茄香義大利麵

　　義式美食在台灣是高人氣異國料理之一，其中麵食更受到男女老少歡迎。自製熬煮番茄醬汁，端出「茄香義大利麵」，香氣濃郁，酸酸甜甜的好滋味，讓人食指大動，一吃就停不下來。

　　經典廣告詞「番茄紅了，醫生的臉就綠了」，可見番茄是營養極高的蔬果。大番茄屬於蔬菜，富含茄紅素、β-胡蘿蔔素、維生素A、維生素C等營養素，熱量低、膳食纖維高，有抗氧化、抗發炎的功效。

　　大番茄烹煮後會產生「茄紅素」，加入油脂吸收效果會更佳，愈紅表示茄紅素愈多，能防止自由基造成身體組織病變，具有抗癌的功效。

食材

義大利麵條	1包	鹽	1大匙
素肉碎	2碗	黑胡椒粒	1大匙
番茄	8-10顆	月桂葉	4-6片
橄欖油	半碗	素蠔油	2大匙
義式綜合香料	2大匙	香菇精	1中匙

作法

1. 番茄稍微汆燙後去皮，並切成小丁備用，素肉碎泡發，洗淨濾乾。

2. 將義大利麵條放入滾水中煮約5分鐘，之後整鍋倒入一旁的空鍋中。

3. 鍋中倒入橄欖油，熱鍋後放入素肉碎炒香，放入番茄，再加義式綜合香料、鹽、黑胡椒粒、素蠔油炒香。

4. 將義大利麵撈起，倒入半鍋剛剛煮義大利麵的水，再放入月桂葉、香菇精提味，把義大利麵倒入拌煮5分鐘，即可起鍋。

貼心小叮嚀

1. 番茄因季節及品種不同甜度也會不一樣，若是口感較酸的番茄，可適量加一點糖，以中和其酸味。

2. 素肉碎和番茄會吸油，所以煮醬時多放一點油，能讓口感更滑順。

影音示範

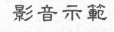

薑黃茄汁麵疙瘩

口感Q彈的麵疙瘩是大家都喜歡的料理，如果宅在家時能吃上一碗熱呼呼的湯麵，那更是一大美味。薑黃茄汁麵疙瘩的湯頭為溫暖的橘色，讓人看了就食欲大增。加上各式蔬果煮出的湯頭，口感相當豐富，有高麗菜的鮮甜、番茄酸甜的滋味，味道相當鮮美。

豆製品是茹素者補充蛋白質的主要來源，腐竹其實是由大豆蛋白膜與脂肪組成。易於保存、食用方便的腐竹含有豐富蛋白質、卵磷脂、谷氨酸，以及多種礦物質，營養價值極高。谷氨酸對腦部有提神醒腦、提高記憶力的功效，卵磷脂則能預防心血管疾病。

食材

麵粉	2碗	香菇	4~5朵
水	2碗	油	2大匙
薑黃粉	1大匙	紅蘿蔔	適量
胡椒粉	1小匙	腐竹	適量
鹽	1小匙	香菜	適量
番茄	3-5顆	鹽、胡椒粉	適量
高麗菜	1/4顆		

作法

1. 番茄、高麗菜洗淨切塊，紅蘿蔔洗淨切絲，香菇泡發切片，香菜洗淨切段，腐竹泡水約半小時後洗淨切段備用。

2. 將薑黃粉、胡椒粉、加入麵粉中，再加水拌勻成麵糊，醒麵靜置約15-20分鐘備用。

3. 鍋內加入1大匙油，將香菇絲、紅蘿蔔絲、腐竹、番茄和高麗菜依序放入鍋內拌炒。加入適當的鹽、醬油、胡椒粉調味，最後加水至5分滿。

4. 水滾就可將麵糊用筷子撥入滾水中，盡量不要讓麵糊重疊，等全部麵糊煮熟即可關火。上桌前可放上一些香菜點綴。

貼心小叮嚀

攪拌麵糊時，盡量選擇圓形碗攪拌，再利用1支筷子，就能拉出細長麵條。

影音示範

主食麵飯－薑黃茄汁麵疙瘩

隨心自在
—— 養生湯品

四祖道信禪師說：「汝但任心自在，莫作觀行亦莫澄心，行住坐臥觸目遇緣，皆是佛之妙用，快樂無憂就是佛。」順其自然，心安理得，淡看人生，有得有失，隨緣就好。

　　自在，便是最美好的生活意境。

　　——

　　養生之道在於順應節氣，純天然蔬果的營養，經過熬煮，冷熱濃淡皆宜，入口暢懷，是心曠神怡的自在。

老蘿蔔筍子湯

　　白蘿蔔經數十年醃製，就變成黑色乾癟的「老蘿蔔」，雖然外表不起眼，但極其珍貴，是天冷時拿來煮湯進補的好食材。這項珍貴食材用來燉湯，湯品煮好後雖湯色偏黑，但喝起來回甘順口，口味獨特，營養價值高。

　　白蘿蔔利用粗鹽醃製，經過攪拌、脫水和日晒等程序，再藉由長期發酵，產生酵素及多酚類，保留膳食纖維、維生素和礦物質，這些營養素具有日常保健與抗氧化的效果。因此，老蘿蔔被視為珍寶，有「窮人的人參」的美譽。

　　竹筍低脂肪、低熱量，可清熱化痰、利膈爽胃、清肺化痰等，筍尖有解毒透疹的作用。竹筍內含的粗纖維、膳食纖維能促進腸道蠕動，幫助消化、防止便祕。

選購與保存

　　竹筍體型以肥短較佳，長度愈長代表較成熟，纖維也較多。顏色可避開尖端帶有青色者，因為通常會偏苦，竹筍底部顏色偏白者通常比較新鮮，偏黃可能放較久。底部寬大代表筍較肥厚，摸起來柔滑質細緻，是尚未老化。

食材

老蘿蔔	1塊	香菇貢丸	1碗
鮮香菇	1碗	油、薑	1小塊
筍子	1支	栗子	1碗

作法

1. 筍子去外殼切滾刀，鮮香菇洗淨切塊，老蘿蔔切片，薑洗淨切片備用。

2. 將老蘿蔔，鮮香菇，筍子，香菇貢丸，油，薑，栗子一起放入電子鍋內，按煮湯鍵，烹煮完畢即可食用。

溫馨小叮嚀

　　若無老蘿蔔可用蔭瓜罐頭或花瓜罐頭取代，味道一樣鮮甜好喝，但記得將湯汁一起加入。

影音示範

團圓大菜弗跳牆

　　年夜飯是一年一度全家團圓的重要日子，鍋物更是不可或缺的年菜首選。料多味美的「弗跳牆」，不僅象徵高貴、富足，更是一道闔家團圓菜。弗跳牆看似難烹調，但只要輕鬆掌握幾個步驟，就能做出讓人難以忘懷的好味道。

　　製作弗跳牆時，食材可以依個人喜愛做選擇，盡量採用新鮮食材，蔬菜則以冬季當令的白菜為主，這樣才容易帶出湯頭的清甜。

　　猴頭菇是一種高營養價值的食材，富含高蛋白、礦物質與維生素，並含有不飽和脂肪酸、多醣體與多種氨基酸，且口感與肉質相似，可謂茹素者的「山珍」。

食材

杏鮑菇	2-3 根	腰果	1/3碗
美人菇	半包	紅棗	8顆
金針菇	半包	丸子	6顆
乾香菇	6朵	素羊肉	半碗
芋頭	1碗	猴頭菇	6顆
白菜	6-7片	素火腿	1段
竹筍	半碗	白木耳	適量
栗子	10顆	胡椒粉　鹽　油　醬油	
百果	10顆	可依個人口味決定調整	
蓮子	半碗		

作法

1. 杏鮑菇洗淨切小段，美人菇、金針菇去蒂洗淨，芋頭去皮洗淨切塊。白菜剝開洗淨，竹筍去殼洗淨切片備用。

2. 白木耳泡發洗淨剝開，乾香菇泡發，紅棗洗淨備用，素火腿切塊，丸子對半切開，猴頭菇剝成適口大小備用。

3. 杏鮑菇、香菇、芋頭、猴頭菇、素羊肉和素火腿，依序煎香後放入電子鍋。

4. 將末煎過的紅棗、丸子、蓮子、百果、栗子、腰果、白木耳、美人菇、金針菇、竹筍，加水至8分滿，再倒入鹽、胡椒粉調味，選擇煮湯模式。

5. 剩30分鐘時，可以將白菜放入，完成後即可上桌。

影音示範

溫馨小叮嚀

　　菇類清洗時盡量不要泡水，容易影響口感。泡香菇的水，可以直接加入湯中一起煮。

鮮甜牛蒡湯

　　現代人常以食療保健養身，食材除了常聽到的人參、山藥之外，牛蒡也是一項好選擇。它有「東洋參」的美稱，能幫助抗老化、瘦身，不僅風靡全台，就連東南亞和歐美國家也蔚為風行。且料理方式多元，將它燉煮成「牛蒡湯」，口感鮮甜。

　　牛蒡可說是深藏不露的天然補品，它屬於高纖維食物，含有醣類、蛋白質、脂質、纖維質、維生素B、C，以及鈣、鎂、鋅等礦物質，營養價值很豐富。此外，牛蒡當中的菊苣纖維不但能增添飽足感，也是腸內益生菌的重要養分，能幫助腸道蠕動、預防便祕，增強體力，促進代謝率，是相當好的食材。

　　《本草綱目》紀載：「牛蒡通十二經脈、除五臟惡氣，久服輕身耐老。」牛蒡中的鈣、鎂、鋅等礦物質，具有抗氧化功能，不僅能幫助穩定情緒，還能降低心血管疾病發生。

食材

牛蒡	1/2條
素羊肉	半碗
腰果	半碗
紅棗	8-10顆
鹽、油	適量

作法

1. 牛蒡用刀背去皮，切滾刀約2-3公分大小，素羊肉用油鍋煸香。

2. 將牛蒡、紅棗、素羊肉、腰果放入電子鍋內，加入適量的鹽，加水約8分，滿按下煮湯鍵，完成後即可上桌。

影音示範

綠豆南瓜湯

　　時序進入夏日，又適逢梅雨季，天氣潮溼又悶熱，常常會感覺體內被熱氣及溼氣悶住，散不出去。「綠豆南瓜湯」，有助清熱解暑、降壓降脂，是營養師推薦的夏日聖品，從小滿吃到夏至時節都很適合。

　　綠豆含有澱粉、蛋白質、碳水化合物、維生素B1、B2，以及鈣、磷、鐵、鉀、鎂、鋅等礦物質。維生素B1有助於碳水化合物的分解，可幫助消化使排便順利，維生素B2是輔酶的一種成分，有維持皮膚健康的功效。

　　由於綠豆屬於全穀雜糧類，且通常還會加糖烹煮，對於糖尿病患而言，會大幅影響血糖值，需謹慎少吃。綠豆也含鉀，適合腎功能正常、血壓穩定者食用，但體質虛寒、頻尿或慢性腹瀉者不宜多吃。

食材

綠豆	2杯
南瓜	1/4顆
陳皮	1小塊
糖	適量

作法

1. 綠豆洗淨，南瓜去囊切適口大小備用。

2. 將綠豆、南瓜、陳皮放入電子鍋，加水至滿水位後，直接按煮湯鍵。

3. 烹煮完成後，加入適量糖再燜5分鐘，待糖化開即可上桌。

影音示範

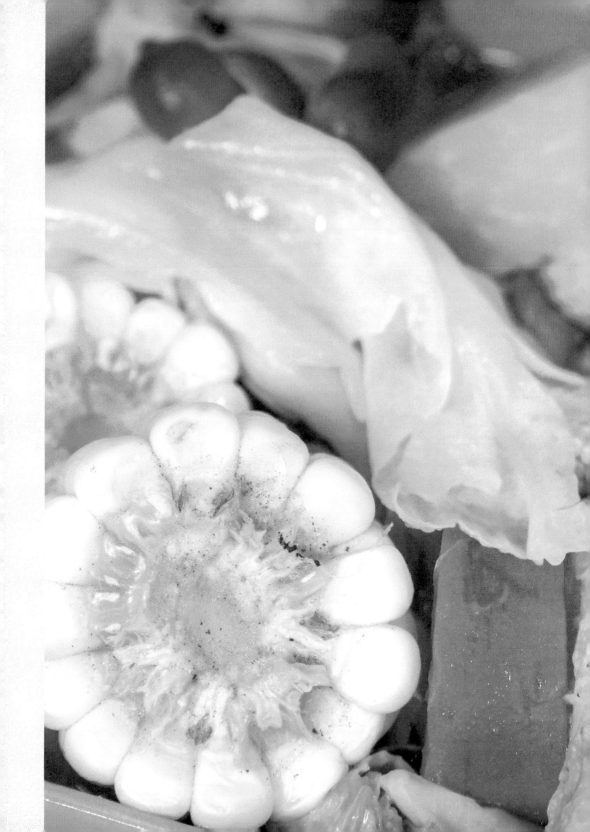

首烏藥膳湯

當天氣轉涼，開始有秋天的感覺時，不妨喝碗熱湯，暖暖胃，好好食補養身一番。現在市面上的藥膳調理包、養生料理包，是繁忙時想喝湯的好選擇。

首烏藥膳包遵循傳統養生古法，含有黃耆、當歸、黨參、桂皮、甘草、玉竹、靈芝子實體、白首烏、紅棗和熟地等養生食材，且無添加香精和防腐劑，補身體不增加額外負擔。但藥膳包內含桂皮，孕婦忌食，有特殊疾病者需依循醫師指示食用。

一年四季出產的結頭菜口感甜脆適合煮湯，含有維生素B1、B2、B6、C、菸鹼酸，以及礦物質鐵、鈉、鉀、鈣等。水分含量高，糖分低，也適合糖尿病患食用。屬於十字花科的結頭菜，據《中國藥用植物志》記載，還能益腎、利五臟，促進傷口癒合。

選購與保存

　　結頭菜在台灣一年四季都吃得到，但秋冬才是結頭菜最好吃的季節。採買時外觀應以成人拳頭大小為佳，太小的肉質較生，熟度不足，水分少；過大的肉質鬆軟、纖維太多。葉梗飽滿、葉片翠綠，表面沒有裂痕，帶有白色粉狀較新鮮。

食材

藥膳包	1包	玉米	1根
水	9-10碗	高麗菜	半顆
	（約1500cc）	鹽	4小匙
鴻喜菇	1包	油	適量
結頭菜	1/4顆	豆皮	適量
玉米筍	1包		

作法

1. 電子鍋中加入1500cc的水，並放入藥膳包，設定煮湯模式。結頭菜洗淨去皮，切適口大小，直接放入電子鍋一起燉煮。

2. 鴻喜菇去蒂洗淨，玉米筍、玉米洗淨切塊，豆皮用開水燙過濾乾，高麗菜洗淨剝小塊備用。

3. 煮約1小時後加入玉米、玉米筍、鴻喜菇、豆皮，並加入油及鹽調味，起鍋前10分鐘加入高麗菜，燜熟即可。

影音示範

溫馨小叮嚀

1. 高麗菜不要太早放入，才能保有清脆口感。

2. 食材可依個人喜好，更換不同的蔬菜及配料。

養生青木瓜湯

木瓜雖一年四季都有出產，但每年五至十一月是最甜美的季節，利用青木瓜及紅棗、白木耳等養生食材燉湯，多樣食材搭配起來，讓「木瓜湯」口感更豐富。

青木瓜大概在三個月左右就能採收，它的果皮和果肉呈青綠色，味道清甜帶酸，口感較爽脆，除了當生果吃，也適合製成沙拉或煲湯。木瓜含豐富的木瓜酵素、木瓜蛋白、凝乳蛋白，和維生素A、B、C、D等，以及鈣、鐵、磷、鈉、鉀、鎂等礦物質，而青木瓜糖分極低，是營養豐富之珍品。

木瓜也是天然的抗氧化劑，有改善膚色，淡化黑斑和色斑的功效，吃木瓜能夠保養肌膚，消除皺紋。木瓜酵素可幫助分解與消化蛋白質、醣類，減輕腸胃的負擔，有利於食物的消化與吸收。

選購與保存

　　採買青木瓜，以手感沈重、色澤鮮綠、果肉硬實有彈性者較佳，盡量選擇綠色蒂頭比較新鮮，果蒂端若呈黃色代表肉質變軟，不適合涼拌，較宜燉煮。青木瓜置入冰箱冷藏可保存一星期左右，若已切開，建議以保鮮膜包起來冷藏，二至三天內食用完畢。

食材

青木瓜	1顆	薑	1小塊
素羊肉	1碗	紅棗	6-8顆
腰果	1/3碗	鹽	2中匙
銀耳	1朵		

作法

1. 青木瓜洗淨去皮後切開去籽，切成適口大小備用。

2. 素羊肉切成適口大小，薑洗淨切6-8片，紅棗洗淨。銀耳泡發洗淨，並去蒂扳成小塊。

3. 將全部食材放入電子鍋中，加水8分滿，加2中匙鹽後按煮湯鍵，完成後即可享用。

影音示範

皇帝豆湯

　　邁入春天，適逢皇帝豆盛產季，利用這項當令食材煲出一道清甜的「皇帝豆湯」，不但有助人體排溼消水腫，皇帝豆富含鐵質和蛋白質，也是茹素者補充營養的最佳來源。

　　皇帝豆名稱的由來，有一說是因為它豆粒大，風味又是豆類之冠而得名。皇帝豆嘗起來性平、味甘，食療上可以除溼、消水腫、補血，還能健脾胃、調整腸胃消化功能。一百公克皇帝豆，含八點七公克蛋白質，醣類十八點三公克，熱量則有一百零八大卡，跟豆腐差不多，卻比白米飯來得低。

　　皇帝豆除了纖維質、蛋白質高，磷、鉀、鐵含量豐富，也是它的一大特色。對於素食者而言，皇帝豆是很好的蛋白質及鐵質來源，能預防貧血。由於皇帝豆為中普林食物，處於急性發病期的痛風患者要避免食用。

食材

皇帝豆	1碗	乾白木耳	1碗
素羊肉	半碗	紅棗	5-6顆
香菇	3-4朵	鹽	適量

作法

1. 皇帝豆、紅棗洗淨,香菇洗淨後斜刀切開,白木耳泡發後備用。

2. 將皇帝豆、素羊肉、香菇、紅棗、白木耳放入電子鍋內,加入少許鹽巴,並加水至6分滿,按下煮湯鍵,完成後即可上桌。

影音示範

歐式羅宋湯

　　羅宋湯起源於烏克蘭，是由多種蔬菜烹調而成，因此又被稱雜菜湯，鮮紅色的色澤看了讓人胃口大開，嘗起來口感層次豐富，營養價值也相當多元。甜菜根是歐洲相當常見的蔬菜，也是近年熱門的養生蔬食，因此有「天然紅寶石」、「歐洲靈芝」的美稱。

　　甜菜根的營養素繁多，甜菜葉子富含維生素A、C、鈣、鐵等。球根部位則有容易消化吸收的醣類、維生素B12，礦物質鎂、鉀、葉酸，和膳食纖維等。

　　甜菜根鮮紅的色澤，來自於「甜菜紅素」，具有很好的抗氧化能力。此外，甜菜根也能提升體力，當中富含的鉀，有助於平衡體內鈉含量，幫助穩定血壓。鐵和維生素B12，則有補血養顏的效果。

選購與保存

　　購買甜菜根可選擇葉子鮮綠無腐壞，球根外觀完整光滑，觸感紮實不軟爛，且呈現鮮豔紅紫色為佳。新鮮帶葉的甜菜根可以冷藏三至四天，若去除葉子則可以延長二至四個星期。解凍後變軟的生甜菜根，不建議再回凍，最好的保存方式是燙熟後冷凍，可保留營養價值和口感。

食材

番茄	3-4顆	甜菜根	半顆
紅蘿蔔	1條	油	3大匙
馬鈴薯	1顆	月桂葉	2-3片
高麗菜	半顆	鹽	1匙
杏鮑菇	2-3條	義式綜合香料	適量
西洋芹	2片	黑胡椒粒	酌量

作法

1. 番茄洗淨去皮切小塊，紅蘿蔔、馬鈴薯、甜菜根，洗淨去皮切塊。高麗菜洗淨剝片，杏鮑菇洗淨切滾刀，西洋芹洗淨切塊備用。

2. 電子鍋按煮湯鍵預熱後鍋內加入2-3大匙油，放入番茄、義式香料、胡椒粒。煮約20分鐘後，除高麗菜外，其他食材全部放入鍋內。

3. 加水淹過食材，再加入月桂葉、鹽調味，起鍋前10分鐘時加入高麗菜，完成後即可享用。

影音示範

溫馨小叮嚀

想保有番茄口感，可以將其中1顆切大塊丁，如果喜歡濃郁口味，可再加入罐裝番茄。

紅豆年糕湯

　　天氣轉涼時，來一碗香濃的紅豆湯，可暖暖身子。紅豆營養價值高且容易取得，料理方式多樣，不論是拿來煮粥、燉湯，或做成甜點都很可口美味。

　　紅豆的膳食纖維和蛋白質含量高，膳食纖維是糙米的五倍，白米的二十六倍，蛋白質是糙米兩倍，還富含維生素B、C、E、鉀、鎂、鐵、鋅等營養素。吃紅豆有助於降低心血管疾病，增加肌肉質量，幫助消化。但吃太多容易脹氣，加上紅豆有利尿功效，故腸胃不適、頻尿的人，不宜多吃。

　　由於紅豆的色澤，加上含有鐵質，因此有「多喝紅豆湯補鐵，才會有好氣色」的說法。鐵質是人體必需的微量營養素，像是深綠色蔬菜、堅果等食材都富含鐵，可以多加食用。

食材

紅豆	1米杯
水	6-8杯
日式年糕	4-6塊
蔗糖	適量

作法

1. 紅豆洗淨浸泡約30分鐘後，
   直接放入電子鍋中，並加入
   6-8杯水。

2. 按煮湯鍵，完成後加入糖，
   並將日式年糕切小塊放入，
   再燜煮5分鐘即可享用。

影音示範

鮮耳蕈菇湯

　　二十四節氣「白露」，夏季的熱漸被秋季的涼取代，早晚溫差大，此時養生重點以「肺」為主，要小心預防呼吸道疾病。利用兩種少見的菇類，搭配白木耳端出「鮮耳蕈菇湯」，清熱潤燥，保養肺部。

　　菇類營養價值高，有高蛋白、高纖、低熱量等特性，是茹素者重要的蛋白質來源。市面上柳松菇、巴西蘑菇較罕見，卻是「菇菇家族」中超優秀的食材。柳松菇源自日本，具有與松茸相似的風味，菇體為細長狀、咖啡色蕈頂，是具營養、保健、食療功效的珍稀菇類，也被譽為「中華神菇」。口感有別於一般菇類的軟嫩，吃起來較清脆，適合清炒或加入火鍋烹煮。

　　巴西蘑菇含有豐富維生素、礦物質，膳食纖維等，被營養學界證實具有防癌效果，近幾年深受各地民眾喜愛。

食材

新鮮白木耳	1碗	腰果	半碗
新鮮柳松菇	1包	薑	1小塊
新鮮巴西蘑菇	1盒	鹽、油	適量
新鮮綠竹筍	2支		

作法

1. 柳松菇去掉蒂頭，整理乾淨。巴西蘑菇洗淨，去除較髒的根部後，用紙巾擦乾。竹筍去殼，將較老的纖維削乾淨後切片，薑切薄片備用。

2. 將所有食材全部放入電鍋中，加入3小匙鹽，少許油。內鍋加水至8分滿，外鍋加2杯水，按下開關，完成後即可享用。

影音示範

養生湯品—鮮耳蕈菇湯

瓜子素基湯

　　家常料理瓜仔素基湯是經典的餐點，還沒起鍋就能聞到香味，脆瓜的鹹甜搭配煸香過的麵丸是絕佳組合。請一起來品嘗香氣四溢，口感脆嫩爽口的「瓜子素基湯」吧！

　　脆瓜罐頭，方便又能兼顧味道，鮮嫩的花瓜醃漬後，吃起來香醇甘脆，湯汁香又開胃。脆瓜的「瓜」，其實是「小黃瓜」，是利用熬煮多時的深色醬油，去除小黃瓜的青澀味和原本的綠色，變成有濃郁醬香，爽脆口感的脆瓜，是超級下飯的小菜。

食材

罐裝脆瓜	1小罐	薑	1小段
麵丸	8顆	油	適量
乾香菇	6朵		

作法

1. 麵丸用手撥成塊狀，乾香菇
   洗淨放軟後切成4塊，薑洗淨
   切片備用。

2. 熱油鍋放入麵丸煎香後，倒
   入脆瓜的湯汁，及約2000CC
   的水，再加入香菇、薑片，
   煮約8-10分鐘。

3. 湯滾了之後，加入脆瓜後，
   再煮約1分鐘即可關火，以保
   持脆瓜的口感。

養生湯品－瓜子素基湯

鮮味腐菇湯

　　許多人夏天不喜歡喝熱熱的湯品，但此時飲用湯品更能幫助補充流失的水分，以及多元營養素。利用多種菇類，煮出清淡爽口的「鮮味腐菇湯」，即可喝到食材的鮮甜風味。

　　目前可食用的菇類估計有兩千多種，而香菇、金針菇、秀珍菇、鴻喜菇等，都深受民眾喜愛，也是茹素者很重要的蛋白質來源。

　　金針菇在台灣常見又便宜，其「菇類甲殼素」是所有菇類中排名第一，能有效降低內臟脂肪含量。香菇對身體有很好的保健功效，其中的多醣體能提升人體免疫力。

　　菇類是蛋白質含量較高的蔬菜，且胺基酸種類豐富，還有膳食纖維，維生素A、B，以及保健營養品常見的多醣體，有助於改善免疫系統功能。

食材

素羊肉	1碗	板豆腐	1塊
鴻喜菇	1包	薑	1小塊
金針菇	1包	鹽	3小匙
生香菇	6朵	胡椒粉	適量
黑蠔菇	1小包	油	適量

作法

1. 生香菇去蒂切片，其他菇類切去蒂頭撥開。薑洗淨切片，板豆腐洗淨、對切後，再切約0.5公分方塊備用。

2. 起油鍋，放入素羊肉、板豆腐煸香，待板豆腐焦黃後，再依次加入薑、生香菇，及其他菇類。

3. 再加鹽及胡椒粉調味，將鍋中的水倒至8分滿，煮滾之後，再等5-8分鐘即可關火上桌。

影音示範

摩尼寶珠

— 各式點心

出自海底龍宮的摩尼寶珠，奇世珍寶，
莊嚴殊妙，自然流露光明，普照四方。「我
有明珠一顆，久被塵勞關鎖； 今朝塵盡光
生，照破山河萬朵。」人人本具佛性，個個
心中不無，即清淨心。

一

簡單的小點心，總在不經意時給人驚喜，
鹹甜滋味，可濃可淡，讓人味蕾無所挑剔。

八寶芋泥

　　小時候參加宴席，最後一道甜點大多是「八寶芋泥」。芋頭廣受民眾喜愛，現在要教大家用電鍋就能做的「八寶芋泥」這道經典年菜。有別於市面販賣的八寶芋泥，是利用含有豐富花青素及纖維質的紫地瓜做為內餡，取代紅豆泥，讓你吃到新風味。

　　屬於根莖類的芋頭口感綿密，帶著濃濃的香氣，是許多人愛吃的食物。富含澱粉、蛋白質、膳食纖維，維生素 A、B 群、鉀等營養素。可以取代米飯食用，還具助消化、促進腸道蠕動等功效。

　　由於芋頭含有草酸鈣，不可生食，以免造成腸胃消化不良、皮膚發癢。有過敏體質的人，像是異位性皮膚炎、蕁麻疹、鼻過敏、氣喘等，不宜多吃。

食材

芋頭	1/2顆	芝麻	1小匙
奶油	2大匙	紫地瓜	1碗
薑末	1大匙	蜜餞、紅棗	適量
糖	4大匙	桔餅、栗子	適量
蓮藕粉	1大匙	大紅豆、葡萄乾	適量

溫馨小叮嚀

1. 有些人對芋頭的黏液過敏，削皮時接觸到黏液會發癢，最好戴上手套，避免直接接觸。

2. 壓芋頭時，可讓它帶點顆粒，這樣不僅可以吃到芋頭的原味，也不失芋泥的香甜。

作法

1. 芋頭去皮切片放入電鍋，外鍋放3杯水蒸熟，取出後壓成泥。加入奶油2大匙、薑末1大匙、糖3大匙、蓮藕粉1大匙、芝麻1小匙，攪拌至芋泥成黏稠狀。

2. 在蒸碗上擺年糕紙，並抹上奶油，依序將紅棗、栗子一圈一圈排在碗底，取一團芋泥輕輕鋪在上面後，排上一圈大紅豆，再用少許芋泥固定。

3. 鋪上紫地瓜並排上葡萄乾，再用芋泥填滿蒸碗，最後蓋上年糕紙，以免蒸的時候水分滲入。

4. 做好的八寶芋泥放入電鍋中，外鍋放入3杯水，完成後取出倒扣於盤中，即可上桌食用。

影音示範

腐皮海苔煎米餅

　　農業時代都用大灶煮飯，所以到最後都會有一層鍋巴，大人總會將鍋巴留下來拌糖，這就是小孩們最愛的零食。現代用電鍋煮飯，時常會遇到剩飯問題，用剩飯作「腐皮海苔煎米餅」，不僅作法簡單，材料易取得，更是老少咸宜。

　　海苔是來自大海的蔬菜，色澤為黑，富含碘、鐵、鈣，膳食纖維和多種維生素。因此，多吃海苔有助於補充外食族缺乏的營養素，也能幫助孩子吸收成長時必須的營養素。

　　豆皮所含的鐵、鋅和維生素B1，是所有豆製品中含量最高，鋅可幫助細胞利用鈣質，製造骨骼需要的營養素，可預防改善骨質疏鬆。

食材

豆包	2-3片	剩飯	1碗
起司	4-5片	油、醬油、芝麻	適量
海苔	1大片		

作法

1. 熱鍋加適量油,直接將豆包打開鋪滿鍋底,再鋪一層起司,上面放一片海苔,然後將飯平鋪在海苔上。

2. 用刮刀或煎勺將飯鋪平,再刷上醬油,最後撒一點芝麻增香。

3. 等豆包煎略呈焦黃翻面,並刷上醬油,再將飯煎至焦黃酥脆即可起鍋享用。

影音示範

芋頭糕

　　在假日優閒的下午時光，來一杯茶加上一盤自製的點心，是享受幸福時光的最佳選擇。與家人分享溫馨的快樂並不難，這一道傳統的「芋頭糕」利用電子鍋製作，簡單零失敗，是不錯的選擇，不妨動手做做看，或許也能得到許多歡樂回饋喔！

　　芋頭含有豐富的皂素，具有抗氧化作用，能降低血液中的壞膽固醇，延緩老化。其中的一種黏液蛋白，被人體吸收後能產生免疫球蛋白，可提高人體的抵抗力，促進肝臟解毒，有鬆弛緊張的肌肉及血管的功效。

選購與保存

　　選購芋頭，外觀呈現漂亮的圓形、蛋形，表皮上帶有泥土者比較新鮮，外表沒有凹洞則品質較佳。芋頭尚未料理前可放置在陰涼處，保持乾燥即可，並在兩周內食用完畢。

食材

芋頭	1顆	油	2大匙
	（約4飯碗）	胡椒粉	適量
水	4杯	在來米粉	4杯
鹽	4小匙	水	4杯
醬油膏	1大匙	蓮藕粉	4大匙

作法

1. 芋頭去皮洗淨切丁，放入電子鍋，加入水4杯、鹽4小匙、醬油膏1大匙、胡椒粉適量。選擇快煮鍵，約煮10-15分鐘，煮開後再將芋頭攪拌一下即可。

2. 將在來米粉加入蓮藕粉4大匙、水4杯，調成米漿，再加入剛煮熟的芋頭丁調勻。

3. 米漿會因芋頭丁熱度而略呈凝固狀，拌勻後直接倒入電子鍋中鋪平。煮約45分鐘，完成後取出，略為放涼切片即可食用。

影音示範

溫馨小叮嚀

芋頭糕煮好可用筷子或木籤插入，若無沾黏米漿，就可從電子鍋取出。

蘿蔔糕

　　白蘿蔔是健康美味的熱門食材，具有豐富的維生素C、膳食纖維和鉀，對人體益處多，不但能減重、養顏美容，還可以改善高血壓，因此有「平民人參」的美譽。

　　白蘿蔔含有大量的維生素C、酵素等，可促進腸胃黏膜健康，有助於提升胃的消化能力。且維生素C能促進血液循環，再加上白蘿蔔富含水分、纖維素，能有效幫助代謝。白蘿蔔還含糖化酶、木質素等。糖化酶除了能分解脂肪和澱粉，還可分解致癌物質亞硝胺。木質素則有殺菌、提高免疫力的功效，能增強身體的免疫力。

　　白蘿蔔生吃及煮熟品嘗雖功效不同，無論使用何種烹煮方式都很好。生吃有解毒、清心退火的作用，煮熟吃則可促進腸道蠕動、改善腹脹。

選購與保存

　　表皮帶土的白蘿蔔是在地生產，非進口。葉子青翠代表新鮮，可用手指敲一敲，若聲音飽滿代表紮實多汁。或在手裡掂一下，有沉甸甸感的蘿蔔比較好。

食材

在來米粉	4杯	醬油膏	2小匙
水	4杯	胡椒粉	適量
中型蘿蔔	1顆	油	1大匙
鹽	4小匙		

作法

1. 蘿蔔洗淨去皮刨絲後，放入電子鍋快煮，每隔5-10分鐘翻煮蘿蔔絲，至蘿蔔絲呈透明狀。

2. 在來米粉加水、加調味料調成漿，並倒入煮好的蘿蔔絲調勻。

3. 加入蘿蔔絲的在來米漿會變得較濃稠，直接倒入電子鍋煮熟。

4. 蘿蔔糕煮好後，略為放涼即可切塊食用。

影音示範

軟嫩Q彈南瓜糕

　　口感綿密、香甜的南瓜，料理方式相當多元，不但煎、煮、炒、炸都沒問題，更是可甜可鹹。南瓜在食物分類中屬於全穀雜糧類而非蔬菜類，低糖、低熱量的特性可以取代主食食用。南瓜從內到外都具營養價值，堪稱超級食物。

　　南瓜擁有極豐富的膳食纖維、維生素A、E、β胡蘿蔔素，以及多種礦物質。β胡蘿蔔素是很好的抗氧化營養素，有護心、護眼的功效，能增強黏膜及皮膚的健康，並可提升身體的抵抗力，適量吃對人體有助益。

食材

南瓜	1顆	醬油膏	2小匙
在來米粉	4杯	胡椒粉	適量
水	5-6杯	油	1大匙
鹽	4小匙	蓮藕粉	4大匙

作法

1. 南瓜用開水浸泡5分鐘，待表皮軟化後去皮、去籽，用刨刀刨成絲。電子鍋加1-2杯水，倒入南瓜絲，並選擇快煮，中間需開蓋翻炒一下。

2. 將在來米粉加4杯水調成米漿，加入調味料後，直接將煮熟的南瓜絲倒入調勻。

3. 調勻後的米漿會成稠狀，直接倒入電子鍋煮熟，等時間到放涼取出，切塊即可食用。

溫馨小叮嚀

1. 用電子鍋煮南瓜時，務必要完全煮熟，否則屆時做糕，南瓜會繼續出水，不易成型。煮熟的南瓜絲，需馬上倒入米漿中，這樣兩者才會融合在一起。

2. 因為南瓜品種不同，所以煮南瓜絲時要拿捏水分。一般南瓜水分較多，可加入1-1.5杯水。若是水分較少的栗子南瓜，則可加2-2.5杯水。

各式點心－軟嫩Q彈南瓜糕

影音示範

172

玉米燒

　　玉米燒的食材大都可以在超市買到，製作過程也相當簡單，只要三個步驟就能製成。玉米燒的麵糊主體，用中筋麵粉調製，加入油、鹽，和胡椒粉調味，以及泡打粉增加蓬鬆口感。

　　自己手作調味，玉米燒僅需用兩大匙的油，用油量比市面上的糕點都來得少，吃起來不油膩，讓人一口接一口，吃得更健康。玉米燒精緻鮮豔的外觀，以及愈吃愈順口的好口味，不但滿足視覺享受和口感，也療癒心靈。

食材

玉米粒	1罐（312g）	起司	4-6片
中筋麵粉	2杯	胡椒粒	適量
食用油（或奶油）	2大匙	鹽	2小匙
水	2杯	泡打粉	2小匙

作法

1. 將玉米粒、中筋麵粉、食用油、胡椒粒、鹽、泡打粉放入鍋中，並加入2杯水調成麵糊。

2. 將每片起司平均切成約16小塊。

3. 電子鍋底先抹上一層油，將麵糊倒入，並將起司平均排在麵糊上，烹煮45分鐘後，即可取出食用。

影音示範

各式點心－玉米燒

大阪燒

　　日本平民小吃「大阪燒」，是許多人到日本旅遊必吃美食之一。大阪燒食材相當豐富，且可依個人喜好調整，使用高麗菜、金針菇、紅蘿蔔和杏鮑菇。相對於台灣的高麗菜煎，日本的大阪燒變化更多元，可加入各種蔬菜，讓高麗菜煎變得更加豐富、時尚。一樣的蔬菜煎餅，不一樣的民情風味。

　　高麗菜富含維生素A、B、C、K、膳食纖維，以及鈣、磷、鉀等礦物質，可以幫助抗癌。維生素K可促進凝血，協助維生素D及鈣質吸收，能預防骨質疏鬆。紅蘿蔔被李時珍稱之為「菜蔬之王」，具有降血壓、降血糖、保護心臟，和提高免疫力等功效。

食材

中筋麵粉	2杯	水	1杯
高麗菜	1/4顆 （約1小碗）	胡椒粉	適量
		油	1大匙
金針菇	1/2包	醬油膏	適量
紅蘿蔔	適量	美乃滋	適量
杏鮑菇	1條	海苔絲	適量
鹽	2小匙		

作法

1. 高麗菜洗淨切丁，金針菇去蒂洗淨切小段，紅蘿蔔洗淨切絲，杏鮑菇洗淨，切約3公分片狀備用。

2. 將依次將高麗菜、紅蘿蔔、金針菇、杏鮑菇、玉米粒倒入鍋中，再倒入中筋麵粉、油、鹽、胡椒粉等調味，並加水拌勻。

3. 電子鍋內先抹油，將調好的麵糊倒入電子鍋，烹煮完成後取出，放涼再切塊以免散開。

影音示範

溫馨小叮嚀

金針菇可增加麵糊的黏稠度，或用山藥泥取代，口感上會更加滑順。其他食材可以視個人喜好做增減，但水分不宜添加過多，以免成品過軟不易成型。

吐司麵包派

　　利用新鮮蔬果和菇類做「吐司麵包派」，方法簡單不費時，能讓趕時間的上班族或學生，在出門前就能吃到充滿活力的早餐。

　　吐司是用麵粉製成，纖維含量比白飯高，所以早餐或兩餐間的輕食，若以吐司或麵包為主食，可輕鬆增加纖維的攝取。

　　但要注意，吐司這類主食要是直接單吃，意味著只吃到澱粉，缺乏蔬果和蛋白質等，會有營養不均的問題。另外，因為飽食感差，很容易不小心就吃過量。利用富含蛋白質的美白菇、小黃瓜，和番茄等食材做吐司麵包派，就可輕輕鬆鬆吃得飽足又營養。

食材

吐司	數片	腰果	少許
美白菇	1包	起司、薄荷	適量
番茄	1顆	黑胡椒	適量
小黃瓜	1條	橄欖油	適量

作法 　　　　　　　影音示範

1. 吐司上面放上起司烤至焦
　黃，有香味後就可起鍋。

2. 鍋子倒入橄欖油，將美白菇
　倒入，並用黑胡椒調味炒熟
　即可。

3. 番茄和小黃瓜都切片備用。

4. 最後在吐司上面依序放上番
　茄、小黃瓜、美白菇、腰
　果、薄荷，這樣就可上桌
　了。

南瓜杏仁凍

　　香甜好吃、熱量低的南瓜，搭配具有抗老和美白功能的杏仁，美味又可口。將杏仁凍注入南瓜後，冷藏約四小時。南瓜外皮摸起來沒有溫熱感，精緻的「南瓜杏仁凍」即可切開上桌。

　　南瓜從外皮到子都富含營養價值，根據古籍《滇南本草》紀載：「南瓜性溫，味甘無毒，入脾、胃二經，能潤肺益氣，化痰排濃，驅蟲解毒，治咳止喘，並有利尿、美容等作用。」此外，南瓜低熱量的特性有助減肥。β-胡蘿蔔素和維生素C和E具有抗氧化能力，能維持皮膚健康，還有增強免疫等功能。

食材

南瓜	1顆	糖	3-4大匙
杏仁粉	4-5大匙	吉利T粉	3大匙
低脂鮮奶	200cc	水	800cc

作法

1. 南瓜洗淨，用熱開水將外皮先燙軟。於南瓜上端切出一個蓋子，將南瓜籽及囊挖除乾淨。放入電鍋中，外鍋加2杯水蒸熟取出備用。

2. 杏仁粉先用1杯冷開水攪拌均勻，再將糖和吉利T粉，用1杯冷開水拌勻。

3. 鍋中放2杯水煮開，加入作法2的杏仁水拌勻。倒入1杯鮮奶，再將吉力T糖水慢慢倒入，邊倒邊攪拌以免結塊。

4. 將煮好的杏仁凍倒入挖空的南瓜中，再蓋上蓋子，放入冰箱冷藏約4小時，取出切開即可食用。

影音示範

溫馨小叮嚀

　　多出來的杏仁水凍，可以裝在其他容器中，放涼後切丁，加入水果及糖水等配料，就可以變成第二種甜品。

芒果杏仁凍

　　熾熱的夏天不免想吃甜品消暑，若擔心市面賣的點心熱量太高，「芒果杏仁凍」不但熱量低，同時具有養顏美容、養生消暑的效果。市面上的芒果種類繁多，但不論哪個品種均含有胡蘿蔔素，及抗氧化功能的植化素，以及對提升免疫力很重要的維生素A。

　　配料杏仁粉是由南杏製成，南杏又稱甜杏仁，常被用來製作甜品。杏仁粉香氣淡、味道微甜，具有潤肺止咳、促進腸胃蠕動、抗老抗氧化、降低心血管疾病，以及預防糖尿病的功效。

食材

芒果	4-5顆	糖	3-4大匙
杏仁粉	4-5大匙	吉利T粉	1.5大匙
低脂鮮奶	200cc	水	800cc

作法

1. 芒果去皮切丁。

2. 杏仁粉先用200cc冷水攪拌均勻，600cc水煮開後加入杏仁水，再熄火倒入鮮奶。

3. 把砂糖和吉利T粉混合均勻，再慢慢倒入作法2中，邊倒邊攪拌至砂糖溶化。

4. 備一容器，底部先放入芒果，再將3慢慢倒入，蓋上蓋子放入冰箱冷藏約4小時，即可取出切塊食用。

影音示範

溫馨小叮嚀

吉利T粉和杏仁粉要用溫水先泡開，才不會結塊。

素食者要使用吉利T粉，吉利丁屬於動物性膠質，較不適宜。

各式點心－芒果杏仁凍

圓滿雙色粿子

　　造型討喜的「圓滿雙色粿子」，適合做年菜料理的收尾甜點。馬鈴薯和南瓜搗成泥，內餡搭配蔓越莓乾、葡萄乾，吃起來香甜。精緻小巧圓滑的外觀，也象徵新的一年凡事圓圓滿滿，香香甜甜。

　　馬鈴薯是歐美國家的主食之一，屬於五穀根莖類，但纖維質含量豐富，因此兼具蔬菜特性。

　　「超級食物」南瓜富含多種維生素、膳食纖維和礦物質，從外皮到籽都富含營養價值。南瓜籽富含鋅，能預防攝護腺腫大病變。南瓜皮含有膳食纖維、鈷，能活躍新陳代謝，促進造血功能。此外，南瓜含硒，有防癌效果。

食材

栗子南瓜	1顆	杏仁粉	1/2碗
馬鈴薯	3顆	蔓越莓乾	1/2碗
起司	4片	葡萄乾	1/2碗
抹茶粉	2小匙	奶油	適量

溫馨小叮嚀

　　若無栗子南瓜時用一般南瓜，蒸熟後水分較多，要以乾鍋將其水分炒乾再加入杏仁粉。也可以紅豆泥、綠豆沙做內餡，別有一番風味。

作法

1. 栗子南瓜用熱開水浸泡5分鐘，表皮軟化後去籽切成4片。馬鈴薯洗淨去皮切片後，一同放入電鍋，外鍋放2碗水蒸熟後，分開壓成泥。

2. 蔓越莓、葡萄乾用開水洗過軟化，取1顆馬鈴薯加入2小匙抹茶粉、1片起司拌勻，捏成葉片狀備用。

3. 南瓜泥加入半碗杏仁粉、3片起司拌勻，備一塑膠袋抹上少許奶油，取一勺南瓜泥在中間包入蔓越莓，上面以1顆蔓越莓，及作法2馬鈴薯葉片裝飾完成。

4. 馬鈴薯泥加入起司片拌勻，備一塑膠袋抹上少許奶油。取一勺馬鈴薯泥，在中間包入葡萄乾。上面以葡萄乾，及作法2馬鈴薯葉片裝飾完成。

影音示範

蜜汁素火腿

蜜汁素火腿是江浙名菜，也是中式餐館必點餐點之一，配料鳳梨，台語諧音「旺來」，象徵好運旺旺來，拿來當年菜相當適合。這道料理簡單不費工，用氣炸鍋就可完成。

台灣鳳梨產季一年四季都有，不過夏天產出的鳳梨口味比較甜，冬天產出的鳳梨口味則偏酸。鳳梨含有類生物黃色素，其中維生素C、E、B1等，具抗氧化的功效。

鳳梨的黃色類胡蘿蔔素不算少，並有不溶性纖維素，在腸道中可以吸收水分，使腸蠕動正常滑潤。水溶性食物纖維的果膠，能溶於水，可增加腸內有益菌活動及排便順暢，減少致癌物質和腸壁接觸時間。

食材

鳳梨罐頭	1罐	吐司、油	適量
素火腿	半條	水麥芽	適量
萵苣	1顆		

作法

1. 鳳梨對半切開備用，火腿對半切開後，切成約0.3公分半圓形狀，熱油鍋煎香備用。

2. 取一大張鋁箔，將鳳梨、火腿依次排放在鋁箔紙上。熱鍋倒入1碗鳳梨湯汁將水麥芽煮化，之後淋在火腿上並包起來。再放入氣炸鍋，用200℃氣炸約20分鐘。

3. 麵包去邊後對半切開，再將每片吐司從中間橫切，但不要切斷，讓半片麵包中間可以包裹蜜汁火腿。

4. 將麵包擺於盤子一邊，另一邊擺上萵苣後，將烤好的蜜汁火腿放在上面，即可上桌。

影音示範

百味具足
—
創意料理

《佛説無量壽經》卷上：「若欲食時，七寶鉢器自然在前，……如是諸鉢隨意而至。百味飲食，自然盈滿，雖有此食，實無食者，但見色聞香，意以爲食，自然飽足。」天人思衣得衣，思食得食，無限創意。

—

　　「民以食爲天」，人們對食物的需求，除了吃飽，也需要感官味覺多變化，以創意激發新口味，讓食材重新組合，加以創意發揮，就能享受料理的樂趣。

澎派白菜烘

　　宴客菜裡必定有這道「白菜烘」，但傳統的做法過度烹調，不但失去食物原來的營養及鮮甜，更添加了許多的調味，增加身體的負擔。按照傳統作法，用簡單的方式料理，保留食物原味，少油少鹽少添加劑，讓食材能呈現原本的鮮甜風味，亦不失其傳統的美味。

　　大白菜是冬季盛產的美味蔬菜，號稱「冬季蔬菜之王」，口感清脆鮮甜，且料理手法多元，不論清炒、燉煮、滷、醃漬等，都十分適合。大白菜具有低熱量，水分豐富的優點，富含維生素、礦物質，以及膳食纖維等各種營養。

　　大白菜雖列為綠色蔬菜，但它白色部分並未行光合作用，因此含有葉黃素抗氧化物質，可提高免疫力、養顏美容、消除疲勞，降膽固醇、預防心血管疾病，其膳食纖維能促進腸胃蠕動，改善便祕。

食材

白菜	1顆	金針菇	1包
紅蘿蔔	1小塊	薑	1小塊
火腿	1小塊	鹽、油	適量
乾香菇	4朵	醬油膏	適量
杏鮑菇	4條	胡椒粉	適量
豆包	1片		

作法

1. 杏鮑菇切片燙軟備用，白菜、紅蘿蔔、素火腿、豆包切絲，乾香菇泡發切絲（留一朵放碗底），薑切末。

2. 起油鍋，依次放入薑末、香菇絲、豆包絲、火腿絲、紅蘿蔔絲、金針菇炒香，加入鹽、胡椒粉和醬油膏調味。再放入白菜梗炒軟，倒入泡發香菇和煮杏鮑菇的水，最後再放入白菜葉炒軟。

3. 準備一個碗公，鋪上年糕紙後，在碗底放一朵香菇。再將杏鮑菇依序排成一圈後，

再將炒好的白菜倒入碗中，蓋上年糕紙。

4. 電鍋外鍋倒入一杯水，將白菜烘放入蒸煮，起鍋後就可以取出。

5. 先將部分湯汁倒出至一個小碗，接著將白菜烘倒扣，即可上桌。

影音示範

年年有餘 吉祥慶團圓

「年年有餘」是過年常用的吉祥話，也代表每年都有盈餘。利用千張、海苔和馬鈴薯做出一條漂亮的素餘。焦黃外皮，內餡帶著胡椒香氣的「年年有餘」，是年夜飯不可或缺的好料理。

馬鈴薯不管是直接烹煮或加工，都是相當熱門的食材，它雖歸類在五穀根莖類，但含有維生素B1、C、鉀、蛋白質、鉀、鋅等營養素，在歐洲被稱為「大地的蘋果」。馬鈴薯營養成分多，且馬鈴薯的脂肪含量只占0.1%。馬鈴薯是優良的澱粉來源，一百公克的馬鈴薯熱量約四分之一碗白飯，但吃起更有飽足感。

食材

豆包	1塊	油	適量
千張	1張	鹽、醬油	適量
海苔	1片	胡椒粉、麵粉	適量
馬鈴薯	2-3顆		
橄欖菜	1小把		

作法

1. 馬鈴薯去皮切片，入電鍋蒸熟後壓成泥，加入醬油、鹽、胡椒、油調味，橄欖菜燙熟擺盤。

2. 麵粉調成麵糊，平均抹在千張上，再放一片海苔在千張上，同樣抹上麵糊，再將豆包打開鋪在上面，馬鈴薯泥平均鋪上。最後用千張包起來，以麵糊封口。

3. 起油鍋，將馬鈴薯餘片以小火慢慢煎，至兩面略呈金黃色，即可起鍋，切塊擺盤。

影音示範

創意燉菜湯麵

　　湯麵是常見的家常料理，但過於普通的外觀，可能會被認為不適合用來宴客。升級版的「創意燉菜」湯麵，不論自己食用或宴客都沒問題！其實湯麵跟多種蔬果一起烹煮，口感更有層次。

　　茄子有特殊的色澤和外型，但如果煮得不好吃，會讓很多人敬而遠之。為了讓茄子更受到喜愛，將茄子切成薄片，再經過燉煮，吃起來鬆軟，沒有什麼特殊味道。茄子含有維生素A、B群、C、P，以及多種礦物質、膳食纖維，有助於降膽固醇。且紫色的外皮，也含有抗自由基的多酚類化合物。

　　維生素P（生物類黃酮），能增強人體細胞的黏著力，增強微血管彈性，防止血管破裂，保護心血管。另外維生素P可幫助維生素C吸收，維持結締組織的健康，可預防瘀傷、出血，及增加抵抗力。

選購與保存

　　挑選果皮呈亮紫紅色，無凹洞或挫傷，飽滿有彈性，底部不要過於膨大者。尚未切開或未經水洗的茄子，可放於塑膠袋內冷藏保存數天。若購買茄子時已包覆塑膠膜，要先去除塑膠膜，維持表皮透氣，避免降低新鮮度。

食材

櫛瓜	2條	烏龍麵	2包
茄子	2條	橄欖油	2大匙
胡蘿蔔	1條	義式香料	酌量
西芹	2條	黑胡椒粒	酌量
杏鮑菇頭	2片	醬油	1大匙
馬鈴薯	2~3顆	鹽	2小匙
番茄	2~3顆		

作法

1. 櫛瓜、茄子、番茄洗淨，切0.5公分片狀。胡蘿蔔、西芹、馬鈴薯洗淨，削皮切0.5公分片狀。

2. 除櫛瓜外，其他食材依序順著鍋邊排列，加入2大匙橄欖油、2小匙鹽，醬油1大匙、義式香料、黑胡椒調味，加水淹過食材的一半。

3. 開大火等水滾後，放入櫛瓜和烏龍麵，繼續燉煮5分鐘，關火即可上桌。

影音示範

時蔬如意捲

　　高麗菜是家喻戶曉，相當容易取得的食材，且料理方式多元，受到不少人喜愛。利用高麗菜與多樣蔬果，端出不過度調味的「時蔬如意捲」，不但可以吃到食材本身的鮮甜，也能吃得更健康。

　　源自地中海沿岸的高麗菜，富含維生素A、B2、C、K1、U，和膳食纖維等多種營養素，營養價值相當高，因此又被稱「菜王」。《本草綱目》記載，高麗菜「可益腎補髓、利五臟六腑、腎主骨、利關節；能明耳目、益心力、壯筋骨。」

　　高麗菜富含硫、維生素C，硫對傷口療癒有益，再加上維生素C，讓高麗菜有幫助排毒的特性，可以淨化血液中的毒素，像是自由基、尿酸。高麗菜含有鈣、維生素D、鎂和鉀，這些營養素都有預防骨質疏鬆，和保護骨骼的功效。

選購與保存

購買高麗菜時，選擇球體略蓬鬆，葉片鮮翠細嫩，無乾萎情形者較佳。外層葉片如果已經開始出現裂開的跡象，可能是高麗菜已經過熟，吃起來口感會比較不脆，營養成分與水分也都逐漸流失。

一般家庭主婦常會以報紙或保鮮膜來包裝高麗菜，這樣會不透氣而潮溼，甚至容易讓葉片發爛。最好用透氣的透明塑膠袋，效果比保鮮膜或報紙來得好。

食材

高麗菜葉	12片	柳橙		2顆
小黃瓜	2條	紫蘇、醬料		適量
蘋果	1顆	美乃滋、檸檬汁		適量
紅蘿蔔	1條	檸檬皮、柳橙皮		適量

作法

1. 高麗菜洗淨以熱水燙軟取下
   葉片，紅蘿蔔、蘋果、柳橙
   去皮切條，小黃瓜洗淨切條
   狀，紫蘇葉洗淨備用。

2. 電鍋外鍋先放一杯水預熱，
   將高麗菜、紅蘿蔔放入電鍋
   蒸熟，取出放入冰水中，冰
   鎮後濾乾備用。

3. 高麗菜去梗後鋪在砧板上，
   於前端依序擺上紫蘇、紅蘿
   蔔、蘋果、小黃瓜、柳橙
   後，慢慢捲起來。

4. 將捲好時蔬捲切成小段，
   排入盤中，佐上沾醬，即
   可上菜。

影音示範

創意料理—時蔬如意捲

白玉菇捲

　　料理方式多元的大白菜，是冬季煮火鍋的好材，隨著夏日到來，大白菜也可以有其他的料理方式。這道「白玉菇捲」口感豐富，同時可吃到大白菜特有的清甜滋味！白菜性寒，平常料理時可以加一點薑，中和其寒性。

　　大白菜具有低熱量、水分豐富的優點，富含維生素、礦物質，以及膳食纖維等各種營養。選購大白菜時，應注意菜葉邊緣是否翠綠，葉片是否完整，且不枯黃、老硬，以及沒有病蟲害、水傷腐爛等現象。市售的大白菜，通常包裝完善，可於冰箱中存放一周左右，冬季則可於室溫中存放，是一般家常備用蔬菜。

食材

大白菜	1顆	薑	3-4片
金針菇	1包	香菇	3朵
素火腿	1小條	油	適量
榨菜	3-4片	鹽	適量

作法

1. 大白菜切去頭部,取葉片10-12片用熱開水燙軟。金針菇洗淨濾乾,素火腿切薄片,榨菜切片,薑切片。香菇泡發後,切片備用。

2. 將白菜鋪平,依次放上素火腿片、金針菇後,捲起來後,放入碗盤中。

3. 所有白菜捲好後,再將榨菜片、薑片、香菇片,鋪在上面。加入油1大匙、鹽1小匙調味,再加水至淹過食材,並將碗盤放入電鍋。

4. 電鍋外鍋加1.5杯水,完成後即可上桌。

影音示範

番茄豆腐盅

「番茄豆腐盅」，紅紅的番茄搭配炒好的素火腿、菇類，上方鋪一層起司，放入氣炸鍋烹調，如同精緻的義式小點，看起來喜氣洋洋。

番茄屬於蔬菜，番茄愈紅，表示茄紅素含量愈豐富。若經過加熱烹調，或加一點油脂料理，還可以釋放更多茄紅素，提高二至三倍的吸收率。

除了茄紅素，番茄的營養價值相當多，其中以維生素C、膳食纖維最為重要。此外，番茄還富含 β-胡蘿蔔素、葉黃素，及多酚類多種營養素。也可達到抗氧化、抗發炎效果。還有預防老化性黃斑部病變和其他眼疾的功效，也可緩解更年期不適症狀。

食材

番茄	6顆	起司	適量
嫩豆腐	1盒	醬油	適量
素火腿	1小塊	油	適量
鴻喜菇	1/2碗	胡椒粉	適量

作法

1. 將番茄頭部切開，內部用湯匙挖空後備用。

2. 火腿、鴻喜菇切細丁，將番茄挖出的囊和籽切碎。起油鍋將鴻喜菇、素火腿爆香，再放入切碎的番茄。加入少許醬油、胡椒粉調味，炒至收汁，完成內餡醬料。

3. 豆腐切約1公分大小丁塊，填入番茄內部，上面淋一層炒好的醬料，再灑上起司，放入氣炸鍋。

4. 氣炸鍋溫度調200℃，氣炸約15-20分鐘，起司略呈焦黃即可。

影音示範

創意料理—番茄豆腐盅

豆腐扣

　　這道「豆腐扣」，嘗起來味道鮮美、不油膩。在醬料醃製品中，蔭瓜常被拿來調煮各種菜餚，無論是煮湯、蒸、燉、滷菜都好吃，那種甘甜鹹香，是在鄉下甕裡醞釀出來的滋味。常見的平價食材豆腐，因為料理手法多元，一年四季都適合食用，也不會讓人吃膩。

　　豆腐是以營養、健康，且富含植物性蛋白質的黃豆製作而成，豆腐種類眾多，不同的豆腐也有不同的營養價值。板豆腐是由硫酸鈣凝固而成，水分少、較紮實，鋅、硒的含量比嫩豆腐多兩倍，是天寒增強免疫力的最佳食物。

食材

板豆腐	1.5塊	蔭瓜	1-2塊
素火腿	1塊	油	適量
薑	1小段	青菜	適量
香菇	6朵	（可依個人喜愛決定）	

溫馨小叮嚀

1. 泡香菇的水，可以留下來，加入調品。

2. 蒸豆腐時電鍋鍋蓋留一點氣孔，可避免豆腐因膨脹，造成湯汁溢出。

作法

1. 板豆腐洗淨切片，素火腿切0.5公分半圓形片狀。薑切5-6片、香菇泡發對切，蔭瓜切碎。

2. 取一中型碗，將處裡好的材料依次排入碗中，香菇水及蔭瓜切碎拌勻淋上。最後淋上一點油，再以保鮮膜或年糕紙覆蓋放進電鍋。

3. 電鍋外鍋加4-5杯水，完成後取出扣在盤子上，並在周圍擺上青菜即可上桌。

影音示範

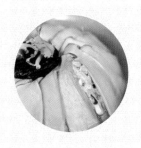

杏鮑菇扣豆腐

　　這道「杏鮑菇扣豆腐」不只是宴席才可吃到的料理，在家也能用一個電鍋就輕鬆端出辦桌菜。杏鮑菇風味，比其他菇類清淡，在眾多的菇類中，杏鮑菇屬於高營養價值的一種，維他命B群、鉀和膳食纖維的含量，都比香菇、鴻喜菇還要多。

　　市面上豆腐種類繁多，板豆腐主要原料是黃豆，除了具有優質蛋白質，也富含大豆異黃酮、卵磷脂、大豆纖維，且不含膽固醇。由於製作過程中添加碳酸鈣，因此鈣質含量較高，是補鈣的好選擇。

食材

老板豆腐	2-3塊	鹽	2小匙
杏鮑菇	2-3條	醬油	1小匙
玉米粒	適量	蓮藕粉	2小匙
乾香菇	1朵	胡椒粉	適量
香菜	適量		

選購與保存

1. 採購杏鮑菇時，選擇蕈柄、蕈傘硬實有彈性，蕈柄粗而白皙為佳。以及傘緣內捲，不過度外張者。

2. 杏鮑菇害怕高溫與陽光，保存時建議先包一層保鮮膜，再放進冰箱冷藏。由於不耐放，建議早點食用完畢。

作法

1. 杏鮑菇洗淨，切約0.5公分長型片狀。豆腐泡鹽水去豆腥味，後用刀片壓成泥備用。

2. 玉米粒、豆腐泥，加入鹽、醬油、胡椒粉、蓮藕粉，調味拌勻。

3. 備一中型蒸碗，碗底先鋪上一層保鮮膜，底部放一朵泡發的香菇，順著蒸碗周圍排上杏鮑菇片。

4. 將拌好的豆腐泥放入後壓平，再用保鮮膜覆蓋壓實放入電鍋中。外鍋加3杯水蒸煮後，取出倒扣於深盤中。

5. 煮一碗水加入鹽、醬油、胡椒粉調味，再以少許蓮藕粉水勾芡淋上，並且放上香菜點綴即可。

溫馨小叮嚀

1. 蓮藕粉可增加豆腐粘著效果，使用前磨成粉狀，較不會產生結塊顆粒。若無蓮藕粉，可用玉米粉或樹薯粉取代。

2. 豆腐泥放入碗中時動作要輕，以免將排好的杏鮑菇弄亂。最後倒扣盤中時，選用有一點深度的盤子，以免水分流出。

影音示範

禪味醍凍

開胃菜「禪味醍凍」，晶瑩剔透的外型，Q彈好口感，保證愈吃愈下飯。「禪味醍凍」所需的皮絲，是素食界的經典食材，小吃攤的炒飯、炒麵，和當歸湯等餐點，都可以見到它的身影。

皮絲屬於麵筋產品的一種，也有人稱為麵泡、麵腸、麵輪，是素食者補充蛋白質的來源之一。皮絲用途相當多元，可以切成塊狀、片狀、條狀、丁狀等，無論煎、煮、炒、炸都適合。

食材

洋菜粉	1包	八角	2顆
素火腿	1/2碗	甘草	2片
皮絲	1/2碗	胡椒粉	適量
乾香菇	3-4朵	鹽、醬油	適量
油	1大匙		

溫馨小叮嚀

1. 泡香菇的水不用倒掉，可以直接加入，放入步驟2，能保留香菇的香氣。

2. 切記水不能加太多，以免扣出時無法成型。

作法

1. 皮絲用熱水泡發，洗淨濾乾切丁。香菇泡軟切丁，素火腿切丁備用。

2. 熱油鍋將香菇、火腿、皮絲，依次爆香。加入醬油爆香後，加4碗水。

3. 放入鹽、胡椒粉、八角、甘草調味，大火滾開後關小火，滷約30-40分鐘。

4. 將八角、甘草撈掉，洋菜粉和水後，緩緩倒入滷好的湯汁中，邊倒邊攪拌以免結塊。

5. 準備一個方形容器，將做法4倒入，待涼後放入冰箱。食用時切塊，即可擺盤上桌。

影音示範

東坡燉素若

利用素火腿、白蘿蔔和香菇慢慢熬煮製成的「東坡燉素若」,香氣濃郁四溢,味美多汁。作法簡易,婆婆媽媽只要一做就上手,家人只要吃一口,便能感受到齒頰留香的好滋味。

冬天是白蘿蔔的盛產季,這是老少咸宜的美味食材,具有豐富的維生素C、膳食纖維和鉀,對人體益處多多。白蘿蔔的維生素C、酵素等,可促進腸胃黏膜健康,有助於提升胃的消化能力。再加上白蘿蔔豐富的水分、纖維素,能有效幫助代謝。

食材

鮮香菇	8朵	八角	2顆
素火腿	1段	辣椒	1條
白蘿蔔	1/2顆	甘草	2片
油	2大匙	匏瓜乾	適量
鹽	2小匙	青江菜	適量
醬油	3大匙		

溫馨小叮嚀

1. 素火腿可以先煎過，增加香氣。

2. 將白蘿蔔、素火腿、香菇綁起來時，盡量綁緊，以免滷好後散開。

作法

1. 鮮香菇洗淨去蒂,白蘿蔔去皮,青江菜洗淨,匏瓜乾泡水備用。

2. 白蘿蔔與素火腿切成4公分,跟香菇同樣大小塊狀。

3. 依序將白蘿蔔、素火腿、香菇,疊放在匏瓜乾上面,以十字交叉方式綁起來。

4. 熱鍋後,依次放入八角、甘草、辣椒、醬油,爆香後加入適量的水。將作法2排入鍋中,以大火煮滾後轉小火,燉約40分鐘,讓它入味。

5. 備一鍋水,加入油、鹽,將青江菜川湯煮熟,即可擺盤,再放入作法4。

影音示範

創意料理─東坡燉素若

242

傳統粵菜素炒鴿鬆

「炒素鴿鬆」味道甜美，吃了令人「口齒留香」，可以直接配飯吃，也可包春捲皮吃，更可夾著土司吃，都相當美味好吃！一般鴿鬆的食材會用豆薯，也可替換為山藥，山藥口感黏滑，營養價值相當高。

鴿鬆是知名粵菜之一，無論做成葷素皆可，將素肉碎、山藥、香菇等食材，製成「素炒鴿鬆」，口感清爽不油膩。漂亮的外型也可以作為宴客菜，家常菜配生菜，或是夾土司、下飯都很適合，吃了便覺齒頰留香。此外，作法也極為簡單，相當適合料理初學者。

給家人幸福滿滿的滋味，清爽、不油膩、味道好，做法簡單，在家可以試試看。除此之外，這道菜端上桌有如一朵盛開的花，不但討喜，更有一種富貴滿堂的感覺！

食材

西生菜 （結球萵苣）	1顆	素火腿	半碗
		冬粉	少許
香菇	4朵	油、鹽	適量
素肉碎	半碗	胡椒粉、醬油	適量
台灣山藥	2/3碗		

作法

1. 結球萵苣洗淨，選內葉，用剪刀剪成花瓣型，擺盤中備用。香菇用冷水泡發切小丁，山藥去皮切丁，素火腿切丁備用。

2. 起油鍋，先加一點鹽巴，將素肉碎炒香。再放入香菇、素火腿炒香，並倒入醬油、胡椒粉調味，最後加山藥炒勻即可起鍋。

3. 備一鍋乾淨的油鍋，將冬粉放入鍋中，炸成白色即可。

4. 將剛剛炒好的鴿鬆，放入剪好的生菜上，再放幾根冬粉點綴，即可上桌。

影音示範

創意料理－傳統粵菜素炒鴿鬆

開運富貴吉祥捲

　　利用素火腿和牛蒡做出「富貴吉祥捲」，口感多汁，且層次豐富。菜名更有祝福花開富貴，事事吉祥如意的含意。牛蒡以養生形象著稱，無論煎、煮、炒、炸、涼拌或煮湯都可，是營養價值非常完整的食材。在日韓、東南亞，甚至是歐美都蔚為風行，有「東洋參」的美譽。

　　牛蒡含有豐富的膳食纖維、胡蘿蔔素和多種礦物質，以及多酚、多種胺基酸。所含的多酚類是一種抗氧化物質，能減緩體內自由基的產生，幫助肝臟解毒，具抗發炎、改善皮膚老化等效果。除了能吸附膽固醇，也能促進腸道益生菌生長，有重建腸黏膜的功能，可強化消化系統。

食材

素火腿	12片	匏瓜乾	適量
牛蒡	1條	鹽	適量
娃娃菜	6顆	油	適量
甜豆	12莢	蓮藕粉	適量
鮮香菇	1朵	胡椒粉	適量
醬油	1大匙		

溫馨小叮嚀

1. 娃娃菜不宜煮太久，以免失去其甜味及脆度。

2. 富貴吉祥捲可做多一點，放在冷凍庫，食用時取出加熱即可。

作法

1. 娃娃菜、生香菇洗淨備用，牛蒡洗淨去皮切絲。匏瓜乾洗淨備用，甜豆莢挑好洗淨，火腿切薄片。

2. 倒入少許油熱鍋，將火腿片煎香，起鍋後倒入1大匙醬油、牛蒡絲。再倒入胡椒粉調味，等水分收乾即可。

3. 將滷好的牛蒡絲放入火腿中捲起來，並以匏瓜乾綁緊，即成富貴吉祥捲。

4. 熱鍋加入一碗水、少許的油，依序放入娃娃菜、甜豆莢、鮮香菇，和富貴吉祥捲。

5. 將煮熟的娃娃菜先擺入盤中，在間隙中放入富貴吉祥捲。中間排甜豆莢、香菇，最後以蓮藕粉勾芡淋上即可上桌。

影音示範

即心即佛
—手作家常

《華嚴經》云：「心佛及眾生，是三無差別。」佛由心成，由心成佛，諸佛亦由心而成。無論凡夫心、佛心，其心之體與佛無異，故說「即心即佛」。

—

　　所謂「平常心是道」，日常生活來點變化，想吃簡單的好料理，只要按照書上的步驟，你也能輕鬆做出精緻美味家常菜。

香煎杏鮑菇

　　杏鮑菇Q彈有嚼勁，口感頗受大眾歡迎，搭配彩椒一起煎，不僅能滿足視覺饗宴，且讓營養更多元。菇類營養價值高，美味又好吃，搭配任何菜色都十分適合，也是茹素者補充蛋白質的重要來源。據研究顯示，菇蕈類有來自真菌細胞壁的多醣體，有助於調節免疫功能，增強抵抗力。

　　青椒、黃椒、紅椒等甜椒都是優質天然蔬菜。在尚未成熟前皆為綠色，待果實成熟，表皮退去葉綠素，就會呈現該品種的原色。不同顏色的彩椒，營養也大不相同。青椒、彩色甜椒均含有豐富維生素C，每天吃一百克，就能攝取每日所需要維生素C，有助於美白，並幫助肌膚膠原蛋白的生成，可說是好處多多。

食材

杏鮑菇	3-5根	油、鹽	適量
彩椒	適量	胡椒粒、迷迭香	適量

作法

1. 杏鮑菇洗淨擦乾，切片約0.5公分薄片。

2. 熱油鍋，灑入鹽、胡椒粒後，放入杏鮑菇。再放入迷迭香一起煎，煎到兩面略呈焦黃，即可擺盤。

3. 彩椒洗淨，切2公分菱形片狀大約1碗後，熱油鍋再灑入鹽，略炒一下，即可倒入盤中擺飾上桌。

影音示範

鮮菇燴雙瓜

鮮菇燴雙瓜，口感清爽，這道料理由杏鮑菇、南瓜，和櫛瓜烹調而成。口感清爽之外，這三種食材都有高纖維的特點，有助於清理腸道。一般家庭主婦可以直接在瓦斯爐烹調這道料理，將這三樣菜煎熟後即可上桌。

櫛瓜原產於墨西哥，是從南瓜變形而來的瓜果，不含澱粉又富含膳食纖維，煮過後的口感相當軟嫩、清甜，跟小黃瓜一樣能夠連皮帶籽食用，外皮相當營養。不少家庭主婦對於櫛瓜料理方法感到陌生，但櫛瓜烹調方式相當多元，加上沒有特殊的味道，因此可與任何料理搭配，生吃、煎煮炒炸皆可。

食材

南瓜	1/4顆	百里香	適量
杏鮑菇	2條	鹽、黑胡椒粒	適量
櫛瓜	1-2條	橄欖油	適量

選購與保存

　　採買櫛瓜時，盡量選擇外表無損傷具光澤，蒂頭乾燥無枯黑，直徑粗細均勻者品質最好。沒有烹煮的櫛瓜，將表皮擦乾後，用牛皮紙包好放入冷藏，為確保新鮮，盡可能在一星期內食用完畢。

作法

1. 杏鮑菇、櫛瓜洗淨切約3公分圓形厚片，南瓜洗淨去籽帶皮切約1-2公分不規則厚片，百里香洗淨備用。

2. 鍋子熱鍋後倒入適量橄欖油，將南瓜、杏鮑菇放入鍋中。撒上鹽、胡椒粒、百里香以及1/4杯水。蓋上鍋蓋，以中小火燜約2-3分鐘。

3. 再將櫛瓜放入鍋內翻炒一下，再燜煮約2-3分鐘，即可起鍋擺盤上桌。

影音示範

溫馨小叮嚀

1. 櫛瓜可以生食，所以不需要煮太久，才能保留其清爽多汁的口感。

2. 百里香可以從花市買回來栽植，這樣就可隨時享用香草料理。

紅燒馬鈴薯燉菇

　　天氣冷想喝熱呼呼的湯暖暖身子，濃郁重口味的紅燒湯是頗受大眾喜愛的好料理。利用多種蔬菜燉煮「紅燒馬鈴薯燉菇」，將食材煮到入味，搭配一整鍋的香濃湯頭，相當下飯。

　　「燒」是中華料理特有的烹飪辭彙，是指用小火持續加熱、燜煮食材。「紅燒」是指烹煮過程中，會加入醬油、冰糖等調味料，讓菜餚成品呈現紅褐色，因此得名，是台式料理經常運用的手法之一。

食材

馬鈴薯	1顆	麵輪（或素之寶）	1碗
紅蘿蔔	半條	油	1匙
白蘿蔔	半條	八角	2顆
杏鮑菇	2條	醬油	適量

作法

1. 將馬鈴薯、紅蘿蔔、白蘿蔔洗淨去皮切滾刀，杏鮑菇切滾刀備用。

2. 麵輪（或素之寶）泡發後，用開水汆燙洗淨備用。

3. 將全部食材放入電子鍋内，加入油、八角、醬油調味，加水淹過食材，烹煮完成後即可上桌。

影音示範

素蒸香菇盒子

　　豆腐、香菇都是家中常用的食材，分別有「福」、「和」、「美」的寓意。利用這兩項主食材，做年菜料理「素蒸香菇盒子」，無論做法或用料都十分簡易。就算非過年期間也能做為家常菜食用，可口美味又營養，也能吃進好兆頭。

　　生香菇要選厚實、量重，菇傘末打開，傘內褶頁白嫩，菌傘面有光澤，菌褶無破損為佳，只要沖洗乾淨便可烹食。由於台灣氣候屬熱帶性，容易導致香菇發霉，故可經陽光曝晒後再乾燥收藏，也可增加維生素D含量。

食材

生香菇	8朵	鹽	適量
板（老）豆腐	2塊	胡椒粉	適量
玉米粒罐頭	半罐	醬油	2大匙
毛豆仁	8顆	油	適量
青花椰菜	1朵	枸杞	適量
蓮藕粉	半碗		

溫馨小叮嚀

1. 板豆腐若水分太多時，可用豆漿布將水分濾除，若買的是老豆腐，就可免除這個動作。

2. 蓮藕粉可以用太白粉或地瓜粉取代，但都不要放太多，以免失去豆腐的口感及香氣。

作法

1. 香菇洗淨去蒂，板豆腐壓碎，香菇蒂切細丁。青花椰菜挑好洗淨燙熟擺盤備用。

2. 將豆腐泥、玉米粒、香菇蒂細丁，加入適量蓮藕粉、鹽和胡椒調味拌勻。

3. 香菇先抹一層蓮藕粉後，填入作法2餡料，最上面鑲一顆毛豆仁。電鍋外鍋加2杯水，大約蒸20分鐘後取出。

4. 炒菜鍋內加半碗水，再加入枸杞及醬油，以蓮藕粉勾芡後淋上即可上菜。

影音示範

大黃瓜盅

　　炎炎夏日容易讓人食欲不振，這時很適合多吃些多汁的瓜類料理來消暑。市面販售的「大黃瓜盅」普遍是做成葷食，如果使用馬鈴薯、豆腐和金針菇做素食內餡，在家裡也能輕鬆做出特別的好滋味！

　　大黃瓜內含高達90%的水分，口感清脆，含糖量低，是一款低熱量又高纖的高飽足感蔬菜。具有利水、消水腫的優點，含水分充足兼具低熱量，適合減重者食用。尤其內含抑制醣類轉換成脂肪的成分丙醇二酸，有助減少脂肪生成。大黃瓜的纖維質可以加速腸道毒素的排除，有促進身體新陳代謝的效果。

食材

馬鈴薯	1顆	鹽	1小匙
大黃瓜	1條	油	1大匙
板豆腐	2塊	醬油	2大匙
金針菇	1/2包	胡椒粉、薑	適量
蓮藕粉	1/2杯		

作法

1. 大黃瓜洗淨切成約3公分厚圈狀，去除籽與囊備用。板豆腐壓成泥，放入碗中。

2. 馬鈴薯去皮切丁狀，金針菇、薑切末，一同放入豆腐泥的碗中，並倒入蓮藕粉、鹽、油、醬油、胡椒粉攪拌均勻，內餡即完成。

3. 將內餡鑲填入大黃瓜圈，完成後放入電鍋，外鍋加入2杯水，蒸熟後即可上桌。

影音示範

簡易豆包捲

　　對素食者而言，豆包是很平常的食材，在料理上卻可變出不同的美味佳餚。黃豆本身營養價值高，含蛋白質、鈣、卵磷脂和易被人體吸收的鐵，有益身體健康。

　　豆類是蛋白質的來源之一，豆皮由豆漿表面凝結而成，濃縮各種營養素，比豆腐、豆漿更營養，還有鐵、鈣、鋅等人體所需的十八種微量元素。由於含有大量卵磷脂，能防止血管硬化、改善血管及保護心臟等功效。此外，豆皮所含的鐵、鋅和維生素B1，是所有豆製品中含量最高。

　　千張也是由黃豆製成，主要成分是植物性蛋白，醣值低、熱量低、可塑性高。市面上販售許多不同尺寸，料理時可自行裁切成合適大小和形狀。

食材

豆包	1斤	蓮藕粉	1-2大匙
玉米粒	1罐	海苔片	4張
胡椒粒	1大匙	千張	2張
醬油	1大匙	麵粉	適量
油	1大匙	年糕紙	適量
鹽	1小匙	壽司竹片卷	適量
芝麻	1大匙		

選購與保存

豆皮種類相當多，若是選購製作捲物外皮的薄豆皮，選擇無雜質，外觀薄且摸起來微軟，聞起來豆香味濃的。若豆皮有黑點或腐爛，表示發霉，或製作時滲入異物，請勿選購。

作法

1. 豆包過水洗淨，將玉米粒、胡椒粒、醬油、油、鹽、芝麻、蓮藕粉放入碗中拌勻。適量麵粉調成麵糊（約半小碗），將2片千張剪對半成4張備用。

2. 砧板上先鋪年糕紙，放一片千張上面放一塊海苔，再將豆包攤開平鋪在上面。將調好的玉米粒取1匙半，平均鋪在豆包上捲起來。最後用麵糊封口，再以年糕紙包裹起來。

3. 外鍋加3杯水，熱鍋後將豆包放入，鍋蓋保持透氣不要完全蓋緊，以免豆包捲脹開變形。

4. 煮熟後緊燜30分鐘以上，將豆包捲取出放涼再切塊排盤，或是用油煎一下，都很好吃。

影音示範

豆包漿蒸蘿蔔乾

　　利用豆包漿、蘿蔔乾、香菇等食材，做成「豆包漿蒸蘿蔔乾」，如同「蒸蛋」料理，不但蔬食環保，口感上層次更豐富。豆包漿的原形是豆包，是把剛從豆漿表面撈起的鮮嫩腐皮，再打成濃漿而成，因而得名。

　　豆包的營養豐富，含蛋白質、維生素B6，也富含多種礦物質，不僅採購方便也容易保存，是素食料理很好的食材。如果豆包漿有經過冷凍，建議加入蓮藕粉，讓食材較好攪拌，若是新鮮的豆包漿，則可以省略加蓮藕粉的步驟。另外，蘿蔔乾口味較鹹，可以先泡水去除鹹味再烹調。

食材

豆包漿	1碗	油	適量
蘿蔔乾	適量	胡椒粉	適量
生香菇	數朵	蓮藕粉	適量
紅蘿蔔	半條		

作法

1. 蘿蔔乾、生香菇、紅蘿蔔洗淨切細丁，直接與豆包漿放入同一個碗中。並加入蓮藕粉、少許油，及胡椒粉攪拌均勻。

2. 備一中型碗，碗底舖舖一層年糕紙或耐熱保鮮膜，再將拌好的豆包漿倒入壓實，蓋上年糕紙或耐熱保鮮膜。

3. 電鍋外鍋加入2.5杯半至3杯水，蒸熟即可上桌。

影音示範

南瓜豆腐

　　一年四季出產的南瓜，是大人小孩都喜愛的美味食物，加上平民食材豆腐，烹調成「南瓜豆腐」，讓你一頓飯就可以吃得津津有味。南瓜從外皮到籽都富含營養價值，堪稱「超級食物」，是美國癌症研究協會推薦的十五種防癌食物之一。

　　南瓜有豐富的膳食纖維、多種礦物質，其中 β-胡蘿蔔素含量更是瓜類之冠。胡蘿蔔素有很好的抗氧化力，能抑制癌細胞生長，也是視網膜感光所需的營養素，能保護視力，並增強黏膜及皮膚的健康。

　　植物性飲食者蛋白質來源之一的豆腐，是黃豆製成，內含大豆異黃酮，是女性優選的營養食材。豆腐除了熱量低，富含礦物質鐵、鈣，且不含膽固醇，是許多人減重的最佳選項。

食材

南瓜	1碗	鹽、油	適量
豆腐	1碗	胡椒粉	適量
毛豆仁（冷凍）	半碗		

作法

1. 南瓜去皮、去囊後，切約1公分小丁。豆腐切約1公分小丁後，在熱開水中加入1匙鹽，將豆腐汆燙，撈乾水分備用。

2. 鍋內放約1大匙油，依次放入南瓜，加水蓋過南瓜，放入豆腐，以鹽巴調味。

3. 煮到稍微收水後，加入毛豆仁煮熟，再加入適量胡椒粉調味，即是一道色香味俱全的美味料理。

影音示範

手作家常－南瓜豆腐

川味燒豆腐

　　春季當令食材皇帝豆，烹調方式相當多元，煮飯、燉湯、炒菜樣樣可行。利用這項食材與豆腐、素火腿等，以及辣椒、花椒，端出「川味燒豆腐」。微辣口感搭配豐富食材，真是下飯首選。

　　根據營養學雜誌發表的研究發現，豆腐和其他大豆食品，都含有大豆異黃酮和大豆蛋白，吃高蛋白的大豆食物會感覺更飽足，減少飢餓感。此外，大豆食品可改善人體對胰島素的反應，以及控制血糖平衡，也有減重功效。

　　對於女性而言，大豆異黃酮的作用類似女性荷爾蒙，四十歲後女性荷爾蒙分泌慢慢下降，吃豆腐可補充不足的營養素。吸收大豆異黃酮，補充雌激素，女性更年期，也可藉由補充豆腐，減緩不適症狀。

食材

豆腐	1塊	辣椒	1根
火腿	1/4碗	薑	1小段
香菇	4朵	香菜	少許
皇帝豆	1碗	醬油	3-4大匙
花椒	1大匙	油	適量

作法

1. 豆腐洗淨，切約長1.5公分厚片，高3公分塊狀。火腿切約長3公分厚片、高1公分塊狀。皇帝豆洗淨、香菇泡發切斜段，辣椒切斜段，香菜洗淨切段，薑切片備用。

2. 起油鍋將花椒爆香，依次加入薑片、香菇、火腿，再倒入醬油，放入皇帝豆、豆腐、辣椒。

3. 最後加水淹至食材，等水滾轉中火蓋上鍋蓋，燜煮約15分鐘入味。

4. 等收汁後關火起鍋盛盤，最後以香菜點綴即可上桌。

影音示範

「重重無盡」
—清爽小菜

　　四月的天氣回溫，適合吃些清爽小菜。將豆干細切成絲，端出「重重無盡」清爽小菜，讓人回味無窮。

　　小吃攤常見的豆干這道小菜，是由黃豆加工製成，豆干是豆腐經加壓、烘乾，和上色而成。因其水分含量較豆腐低，營養密度比豆腐高，熱量也稍微高一點。一片熱量大約有六十大卡，蛋白質含量將近一顆雞蛋，如果作為一餐的豆魚肉蛋類，可以吃三至四片。

　　根據食品營養成分資料庫，每一百公克的豆干具有一百九十四毫克的鈣質，與豆漿等其他豆製品相比，是補鈣的好選擇。

食材

豆乾	8塊	香菜	1小把
嫩薑	1條	油	少許
榨菜	1段	醬油	少許
辣椒	1條		

作法

1. 豆干洗淨切絲，嫩薑、榨菜、辣椒洗淨切絲。

2. 豆干、榨菜以開水汆燙過放涼，加入辣椒絲、薑絲、香菜，以及油、醬油調味後，拌勻即可上桌。

影音示範

什味佃煮

佃煮是日本家庭傳統的烹調方式,將食材和醬油、砂糖,和適量的水一同入鍋。慢慢熬煮至水分收乾,吃起來鹹中帶甜,也有助於食物的保鮮。

佃煮的食材沒有設限,一般日本料理是以海鮮為主,蔬食則以昆布、蘿蔔、菇蕈類等為主要食材。選用紅蘿蔔、白蘿蔔、素滷雞、昆布,和杏鮑菇烹煮,可作為佐飯配菜。

紅蘿蔔和白蘿蔔都含有豐富的營養素,杏鮑菇含有豐富的蛋白質、膳食纖維、鉀和磷等礦物質,含維生素A、B群、C、E,以及多種脂肪酸,營養價值高。

食材

昆布	1大塊	醬油	1小碗
白蘿蔔	1顆	鹽	2小匙
紅蘿蔔	1條	糖	1小匙
杏鮑菇	2條	胡椒粉	適量
素滷雞	3-4條	辣椒	2條
薑	1小塊	香菜	1小把

作法

1. 紅蘿蔔、白蘿蔔洗淨，去皮切成4等分，杏鮑菇洗淨，切對半備用。薑洗淨切片，辣椒洗淨切段備用。

2. 昆布剪成約10公分長，直接加水泡軟後，折三折用牙籤固定。素滷雞戳洞後，以熱鹽水泡5-10分鐘備用。

3. 將所有食材依序放入電鍋，加入調味料，最後加約5碗水，淹過食材。外鍋加2杯水，按下開關。

4. 待烹煮完成後，將所有食材切成適口大小，並放上薑絲、辣椒絲和香菜擺盤，即可食用。

影音示範

薑絲炒海茸

　　家常菜「薑絲炒海茸」是超級下飯的配菜，海茸屬於海藻蔬菜的一員，由於生長條件嚴苛，僅能生長在未經任何汙染的深海，故生產量相當少。且生長周期約3年，屬限制性開採資源，在深海植物中格外珍貴、稀有。

　　由於台灣販售的海茸都是國外進口，已非完整藻體，因此切割泡水後會成螺旋狀。海茸口感清脆，營養豐富，不僅蛋白質、維生素和部分微量元素含量高於陸地植物，還含有陸地植物沒有的藻黃質、海藻膠原蛋白、藻多酚等。

　　吃海茸的好處很多，它能滿足人體對植物蛋白質、不飽和脂肪酸、維生素和礦物質的需求。且脂肪含量低，還有大量的纖維，極易產生飽腹感。此外，藻黃質可促進脂肪分解，藻多酚則有調節腸道功能。

食材

乾海茸	100公克	醬油	1大匙
薑	1小塊	烏醋	1大匙
辣椒	1-2條	九層塔	適量
油	1大匙		

溫馨小叮嚀

九層塔容易變黑不易久放，所以需要時再購買即可。

作法

1. 海茸以冷水泡發約1小時，洗淨切段瀝乾。薑、辣椒洗淨切絲，九層塔去硬梗洗淨備用。

2. 起油鍋，中火爆香薑絲和辣椒後，放入海茸拌炒一下熗入醬油、烏醋，若太乾可適量加入少許的水 。

3. 稍微炒到收汁後，加入九層塔快炒約30秒，即可關火盛盤上桌。

影音示範

蔬食地圖系列 13

禪居食堂

作　　者	妙具法師
社　　長	妙熙法師
主　　編	陳瑋全
責任編輯	妙護法師
文字撰稿	張穎容
影音拍攝	張睿杰、張穎容
美術設計	卞文
出 版 者	福報文化股份有限公司
發　　行	人間福報社股份有限公司
	http://www.merit-times.com.tw
地　　址	台北市信義區松隆路327號5樓
電　　話	02-87877828
傳　　眞	02-87871820
	newsmaster@merit-times.com.tw
劃撥帳號	19681916
戶　　名	福報文化股份有限公司
初版一刷	2023年05月
定　　價	新台幣300元

ISBN 978-626-97226-0-0

佛光審字第00063號

◎有著作權　請勿翻印

國家圖書館出版品預行編目(CIP)資料

禪居食堂/妙具法師作. -- 初版. -- 臺北市：
福報文化股份有限公司出版：
人間福報社股份有限公司發行，2023.05
336面 ;22X17公分. --（蔬食地圖系列 ；13）
ISBN 978-626-97226-0-0(平裝)

1.CST: 素食 2.CST: 蔬菜食譜 3.CST: 文集

427.3　　　　　　　　　　　112003286